공학도를 위한
유체공학실험

제2판

노형운 김형호 홍지우 지음

공학도를 위한
유체공학실험　제2판

초판인쇄	2022년 10월 1일
초판발행	2022년 10월 1일

저　자	노형운 김형호 홍지우
펴 낸 곳	지오북스
등　록	제395-2016-000014호
전　화	02)381-0706 ｜ 팩스 02)371-0706
이 메 일	emotion-books@naver.com
홈페이지	www.geobooks.co.kr

ISBN　979-11-91346-42-8
값 22,000원

이 책은 저작권법으로 보호받는 저작물입니다.
이 책의 내용을 전부 또는 일부를 무단으로 전재하거나 복제할 수 없습니다.
파본이나 잘못된 책은 바꿔드립니다.

머리말

　유체공학실험을 강의하다보니 학생들이 가장 힘들어하는 유체역학에 관련된 이론들을 매우 쉽게 강의해야 하고, 실험도 재미있게 진행해야 하는 2마리 토끼를 잡아야 하는 어려운 점을 느끼고 있었다.

　반면에 학생들은 유체역학(유체역학과 점성 및 압축성유체)을 전반적으로 이수하고 수업을 들어야 하는데도 불구하고 최근의 수강신청의 형태를 보면 유체역학 관련 수업을 이수하지 않고 수업을 듣거나 병역문제나 휴학으로 인하여 대부분의 이론 부분을 기억하지 못하는 것이 현실이다.

　더욱더 문제가 되는 것은 현재 유체공학실험 뿐만 아니라 모든 실험이 마땅한 교재가 없다는 것이다. 이는 실험장치의 다양성 및 변경에 따른 이유와 대학교마다 각자 보유하고 있는 실험장치가 다르기 때문이라 판단되고, 대부분 간단히 프린트해서 사용하는 것이 편했던 것 같다.

　이에 저자들은 학생들의 수업능력을 향상시키면서 강의내용을 정확히 전달하고 위에서 언급한 문제를 해소하기 위하여 교재를 단행본으로 집필하였다.

　본 교재에서는 실험에서 가장 중요한 오차 및 이에 대한 불확실도 개념, Excel을 이용한 곡선접합에 대한 내용을 Ⅰ절에서 다루었으며, Ⅱ절에서는 전산유체역학(CFD)을 위한 상용코드 중 ANSYS-CFX의 사용방법을 다루었으며, Ⅲ절에서는 유체실험을 하기 위한 최소한의 유체역학 이론을 편재하였다. Ⅲ절은 이번 2판 출판에서 새롭게 추가한 것이다. Ⅳ절에서는 장치실험에 대한 실험방법에 대한 내용을 다루었다. 단, 장치 실험에서는 숭실대학교 기계공학부 유체공학실험실에서 보유하고 있는 실험장치 중 8개의 실험만 언급하였다.

또한 2판 출판에서는 유체기계에 대한 내용은 분량의 한계로 제외시켰다. 부록에는 보고서 사용하는 방법과 현장에서 많이 사용되는 유체의 성질 자료 등을 언급하였다. 장치실험에 대한 실험방법을 동영상으로 제작하였으며, 학생들이 사용하기 편하게 하기 위하여 QR코드를 제작하여 편집하였다.

저자들은 이번 2판 집필에 있어서 최선을 다해 학생들에게 도움이 될 수 있도록 수정, 추가 및 편집하였으나 아직도 오류가 많을 것으로 생각되고, 부족한 점이 있다는 것에 대하여 송구스럽게 생각하며, 만약 교재의 오타사항이나 의문사항 등이 있다면 rohlee1@gmail.com으로 알려주시면 소정의 사례를 하겠습니다.

끝으로 유체공학 분야의 선배, 동료 그리고 후학들의 많은 지도 편달을 바라며. 이 책의 출판에 많은 도움을 주신 교수님, 조교님 외 관련된 분들께 감사드린다.

2022년 8월

저자 일동

••• CONTENTS •••

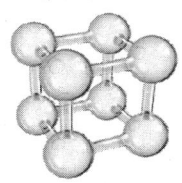
I. 실험 오차 해석과 실험 자료 처리

제1장 실험 오차 해석 ··· 01
  1.1 서론 ··· 01
  1.2 오차의 종류 ·· 01
  1.3 불확실도의 추정 ··· 02
  1.4 데이터의 응용 ··· 08
  1.5 요약 ··· 13
  1.6 참고문헌 ··· 14

제2장 실험 자료 처리 ··· 15
  2.1 개요 ··· 15
  2.2 보간법과 회귀법 ··· 15
  2.3 보간법 ··· 16
  2.4 회귀법 ··· 17
  2.5 Excel 추세선 기능을 통한 선형 회귀분석 ······································ 19

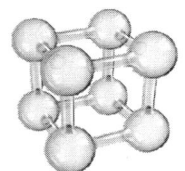

II. ANSYS-CFX 사용법

제1장 전처리 작업 ··· 29
1.1 처음 시작방법 ······································· 29
1.2 메쉬 파일 불러오기 방법 ······················· 31
1.3 유동상태 설정방법 ································· 32
1.4 도메인 설정방법 ··································· 33
1.5 경계조건 설정방법 ································· 34
1.6 수렴조건 설정방법 ································· 36
1.7 저장방법 ·· 37
1.8 실행방법 ·· 38

제2장 후처리 작업 ··· 41
2.1 처음 시작방법 ······································· 41
2.2 Point 생성방법 ····································· 42
2.3 Streamline 생성방법 ···························· 43
2.4 Plane 생성 및 Contour 그리는 방법 ······ 45
2.5 Vector 생성방법 ··································· 48

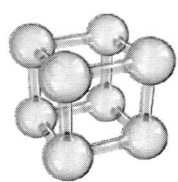

III. 유체역학 기초이론

제1장 유체의 성질 ··· 53
1.1 비중 및 밀도 ··· 53
1.2 점성계수 ·· 55

1.3 압력 ·· 61
1.4 정수압력 ·· 62
1.5 부력 ·· 68

제2장 유동의 성질 ·· 73
2.1 유동의 성질 ·· 73
2.2 운동량 방정식 ·· 77
2.3 베르누이 방정식 ·· 81
2.4 층류와 난류 ·· 87
2.5 발달중인 유동과 완전히 발달된 유동 ·· 90
2.6 주손실 ·· 92
2.7 부손실 ·· 97

제3장 외부유동 ·· 109
3.1 외부유동 ·· 109
3.2 유동박리 ·· 111
3.3 역압력구배 ·· 112
3.4 항력 ·· 113
3.5 양력 ·· 124

제4장 유체계측 ·· 131
4.1 압력 ·· 131
4.2 액주계 ·· 133
4.3 피토관을 이용한 동압 및 속도압 측정 ·· 136
4.4 유량 ·· 137

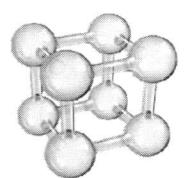

Ⅳ. 장치 실험

1. 정수압 측정 ··· 145
2. 점성계수 측정 ·· 155
3. 레이놀즈 수 측정 ·· 161
4. 제트충돌 실험 ·· 165
5. 유체관로의 부손실 측정 ··· 171
6. 펌프성능 실험 ·· 183
7. 외부유동 실험 ·· 193
8. 펌프의 연합운전 실험 ·· 203

※ 각 실험 앞장에 인쇄된 QR코드를 휴대폰으로 촬영인식하면 youtube에서 실험관련 동영상을 볼 수 있다.

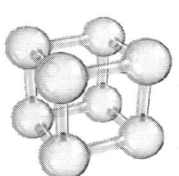

부록

부록 A. 보고서 양식 ··· 211
부록 B. 유체성질에 대한 자료 ··· 215
    B.1 비중 ··· 215
    B.2 표면장력 ·· 219
    B.3 점도의 물리적 본질 ·· 220
    B.4 윤활유 ·· 225

참고문헌 ·· 233

I. 실험 오차 해석과
　　　실험 자료 처리

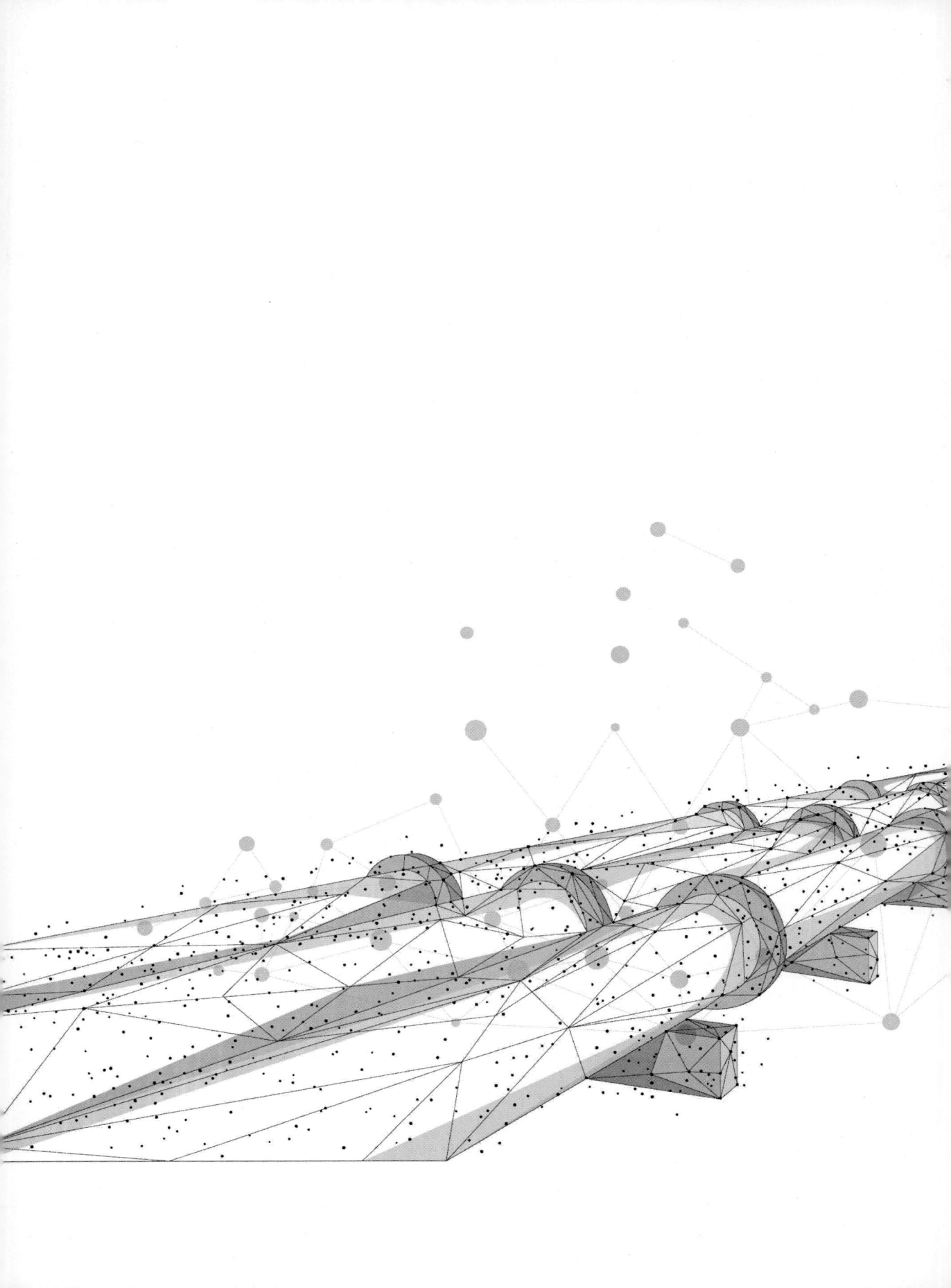

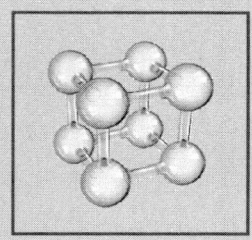

제1장 실험 오차 해석

1.1 서론

설계를 위한 기초로서 공학적 해석을 보완하기 위하여 실험 데이터를 많이 사용하고 있다. 이들 데이터가 전부 정확하다고는 볼 수 없다. 실험 결과들이 설계에 이용되기 전에 그 데이터의 신뢰성이 반드시 검증되어야 한다. 이를 위한 방법으로 실험에 있어서 신뢰성(Validity)과 정확성(Accuracy)의 정량화를 위하여 이용되는 절차는 **불확실도(Uncertainty) 해석**이다.[1] 또한 불확실도의 해석은 실험 설계과정에서도 유용하다. 주의 깊은 연구를 수행하면 허용할 수 없는 오차의 잠재적 원천을 찾을 수 있고 개선된 측정법을 제안할 수도 있다.

1.2 오차의 종류

실험시 측정은 항상 오차가 존재한다. 실험자가 범한 큰 오차를 무시하더라도, <u>실험 오차는 [그림 1.1]과 같이 고정오차와 임의오차로 존재한다.</u>

(a) 정확도 및 정밀도 둘 다 문제

(b) 정밀도는 있지만 정확도가 없는 경우

(c) 정확도와 정밀도가 좋은 경우

[그림 1.1] 정밀도와 정확도의 표현

---

1) 현장에서 불확실도 해석과정은 선택이 아니라 필수이다.

> **정밀도(Precision)**는 같은 실험을 되풀이 하여 얻은 일련의 측정값이 어느 정도 일치하는 가를 표시. 즉 결과의 재현성을 의미한다.
> **정확도(Accuracy)**은 측정값이 그 참값에 어느 정도 잘 맞는가를 나타낸다.

> **고정 오차(Fixed Error)** [혹은 계통 오차(Systematic Error)]는 매 측정시마다 반복하여 동일량의 오차가 측정값에 포함되어 나타나는 오차이다. 고정 오차는 매번 읽을 때마다 동일하며 이는 적당한 교정 또는 보정에 의하여 제거시킬 수 없는 오차이다.
> **임의 오차(Random Error)**는 데이터를 눈금 표시 때마다 다르게 나타나므로 제거시킬 수 있다. 임의 오차를 일으키는 인자들은 그 본질상 불확실하다.

불확실도 해석의 목적은 실험 결과 속에 포함된 가능한 임의 오차(Probable Random error)를 추정해내는 것이다.

실험장치가 정확하게 제작되었다면 보통 고정 오차가 제거되도록 보정되었다고 가정할 수 있다. 측정 장치는 정밀한 **해상도(Resolution)**를 가지고 있으며, 눈금 표시의 변동(Fluctuation)도 지나치게 크지 않다고 가정한다. 또한 관찰할 때와 기록할 때 대단히 주의를 기울였으므로 임의 오차만이 존재한다고 가정하면 된다.

1.3 불확실도의 추정

임의 오차로 인한 실험 측정값과 계산 결과의 불확실도를 추정해보자. 이 과정은 다음의 3단계를 갖는다.

1단계. 각 측정량에 대한 **불확실도 구간을 추정**
2단계. 각 측정값에 대한 **신뢰 한계를 서술**.

3단계. 실험 자료로부터 계산된 결과 값으로의 **불확실도의 전파를 해석**.

각 단계별로 이 절차를 요약하고 예제를 이용하여 그 응용을 설명하고자 한다.

1단계: 측정 불확실도 구간의 추정.

실험에서 측정된 변수들은 $x_1, x_2, ..., x_n$으로 표시한다. 각 변수에 대한 불확실도 구간을 찾는 한 가지 방법은 변수들의 측정을 **여러 번 반복하는 것**이다. 이렇게 하면 각 변수에 대한 자료의 분포를 구할 수 있다. 측정값의 임의 오차는 [그림 1.2]와 같이 보통 **정규(Normal)** 혹은 가우시안(Gaussian)분포를 형성한다. 정규분포에 대한 자료의 분산 정도는 표준오차 σ로 나타낼 수 있다. 각 측정된 변수 x_i의 불확실도 구간은 $\pm n\sigma_i$로 나타낼 수 있다. 여기서 $n=1, 2,$ 또는 3이다. 자료가 정규분포를 이루고 있다면, x_i의 측정된 값의 **99%** 이상이 자료 집합의 **평균값**의 $\pm 3\sigma_i$이내에 있고, **95%**가 $\pm 2\sigma_i$이내에 있으며, **68%**가 $\pm \sigma_i$이내에 있게 된다[1].

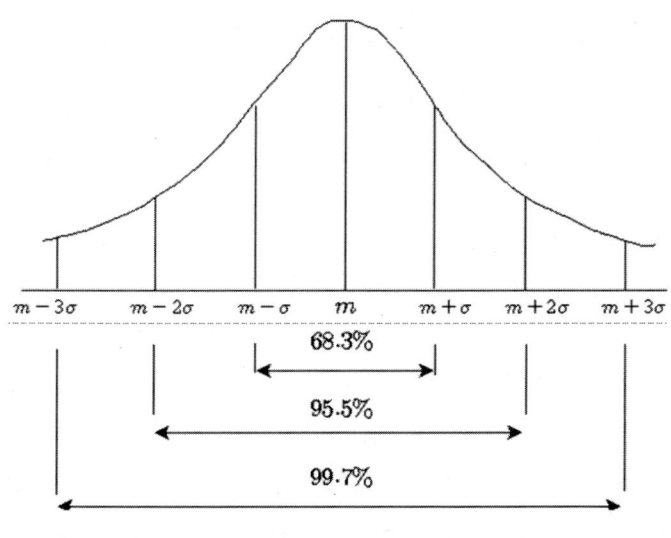

[그림 1.2] 정규분포 또는 가우시안 분포

만일 통계적으로 의미 있는 자료 집합이 이용 가능하다면, 임의의 요구 즉 **신뢰한계(Confidence Limit)** 이내에 기대 오차(Expected Error)가 있도록 정량화시키는 것이 가능할 것이다.

반복 측정법은 보통 비실용적이다. 대부분의 실험에서 막대한 시간과 비용 때문에 통계적으로 의미 있는 표본을 얻을 수 있도록 충분한 자료를 확보한다는 것은 불가능한 일이다. 그러나 정규분포는 다음과 같은 몇 가지의 중요한 개념을 제시해 주고 있다.

1. 작은 오차는 큰 오차보다 더 많이 발생한다.[2]
2. 양과 음의 오차는 대략 같은 비율로 발생한다.
3. 유한한 크기의 최대 오차는 정해져 있지 않다.

공학실험에서는 각 점에서 단 한 번만 실험하는 '**단수표본(Single-sample)**' 실험을 택하는 경우가 많다. 단수표본 실험에서 **임의 오차로 인한 측정값의 불확실도는 측정 장치의 최소 치수간격(최소 눈금, the least count)의 + 혹은 - 절반이라고 추정하는 것이 타당**하다. 그러나 이 접근방법도 역시 신중하게 다루어야 한다. 이 방법은 다음 예제를 참조하면 이해할 수 있다.

예제 1.1 기압계 눈금 표시의 불확실도

만약 기압계 수은주 기둥의 관측된 높이가 h=752.6mm이고 그 기둥의 최소 눈금은 1mm이라고 하자.

실험 시 신중하게 측정하면 측정값은 가장 가까운 mm까지 얻을 수 있을 것이다. 단 측정에서 얻을 수 있는 값(Probable Value)은 752.6±0.5mm일 것이다. 그러면 기압계 수은주 높이의 상대적 불확실도는 다음과 같다. 어렵지 않다.

---

[2] 쉽게 이해하기 어려운 문장이지만, 쉽게 생각하면 오차가 큰 것은 쉽게 발생하지 않는다는 것이며, 보통의 측정자체가 오차가 많다는 뜻이다.

$$U_h = \pm \frac{0.5mm}{752.6mm} = \pm 0.000664 \quad \text{또는} \quad \pm 0.0664\%$$

해설 :

1. 불확실도의 구간 ±0.1%라는 것은 3개의 유효숫자를 명시한다. 대부분의 공학적 실험을 위해서는 이 정밀도(Precision)이면 충분하다.
2. 불확실도 추정에서 본 것처럼 기압계 높이의 측정값은 매우 정밀한 것처럼 보인다. 그러나 그 값이 정확하다고 생각할 수 있는가? 이를 위하여 2단계에서 이에 대한 한계를 서술해야 할 것이다.

2단계: 각 측정값에 관한 신뢰 한계의 서술.

측정값의 **불확실도 구간**은 1단계에서 $h = 752.6 \pm 0.5mm$이라 서술하였다. 신뢰 구간의 서술은 정규분포에 대한 표준편차의 개념에 근거를 두고 있다. [그림 2]와 같은 정규분포에서 $\pm 3\sigma$라는 것은 신뢰한계에서 보았을 때 370대 1의 가능성에 해당한다. 즉, 모든 미래 눈금 표시의 99.7%가 그 범위 내에 놓일 수 있다고 기대되는 값이다. 또한 **$\pm 2\sigma$의 신뢰 한계는 보통 20대 1의 가능성에 해당**되고, $\pm 1\sigma$의 신뢰 한계는 3대 1의 가능성에 해당된다. **공학적 실험에서는 흔히 사용되는 대표적인 가능성은 20대 1**이므로 이 점 유념해서 실험을 하면 될 것이다.

즉 $h = 752.6 \pm 0.5mm$에서 $\pm 0.5mm$가 정규분포의 $\pm \sigma$와 대치되어 생각하면 되는데, 보통 수은주의 높이가 서술된 값의 $\pm 0.5mm$를 벗어날 수 있는 가능성은 **20회의 실험 중 1회 정도** 됨을 의미한다.

참고문헌[3]에서는 다음과 같이 기술하고 있다. "……그러한 가능성에 대한 상세한 서술은 …… 에 대한 실험실 경험이 많은 실험자에 의해서만 가능하다. 측정된 변수에 대한 불확실도를 추정함에 있어서 확실한 공학적인 판단을 대신할 수 있는 어떤 것도 존재하지 않는다."

3단계: 계산과정의 불확실도 전파 해석.

독립변수 $x_1, x_2, ..., x_n$의 측정은 보통 실험실에서 이루어진다고 가정한다. 각각 **독립적으로 측정된 양들의 상대 불확실도는** u_i로 **추정된다.** 그 측정값들은 실험에 대한 측정결과 R을 계산하기 위하여 사용된다. 우리가 해석하고자 하는 것은 x_i들은 오차들이 측정값으로부터 R을 계산하는 과정 중에 어떻게 전파해 들어가는가 하는 것이다.

일반적으로 R을 수학적으로 $R = R(x_1, x_1, ..., x_n)$으로 표시될 수 있다. 어떤 x_i의 개별 측정오차가 R에 미치는 영향은 함수의 미분법과 유사하게 추정될 수 있다[4]. x_i의 변분(Variation) δx_i는 R의 변분 δR_i를 발생시킨다.

$$\delta R_i = \frac{\delta R}{\delta x_i} \delta x_i$$

R의 상대 변분(Variation)은

$$\frac{\delta R_i}{R} = \frac{1}{R}\frac{\partial R}{\partial x_i} \delta x_i = \frac{x_i}{R}\frac{\partial R}{\partial x_i}\frac{\delta x_i}{\partial x_i} \tag{1.1}$$

식 (1.1)은 x_i의 불확실도로 인한 결과의 상대 불확실도를 추정하는 데 사용된다. 상대 불확실도에 관한 기호를 소개함으로써 우리는 다음 식을 얻는다.

$$u_{R_i} = \frac{x_i}{R}\frac{\partial R}{\partial x_i} u_{R_i} \tag{1.2}$$

모든 x_i에 대한 상대 불확실도들의 결합된 영향들로 인하여 발생되는 R의 불확실도를 어떻게 추산할 것인가? 각 변수들의 임의 오차는 불확실도 구간 내에서 일정 범위의 값을 갖는다. 모든 오차들이 동시에 전부 불리하게 나타날 가능성은 희박하다. 결과의 상대 불확실도에 대한 가장 적절한 식은 다음과 같다[2].

$$u_R = \pm \left[\left(\frac{x_1}{R}\frac{\partial R}{\partial x_1}u_1\right)^2 + \left(\frac{x_2}{R}\frac{\partial R}{\partial x_2}u_2\right)^2 + ... + \left(\frac{x_n}{R}\frac{\partial R}{\partial x_n}u_n\right)^2\right]^{1/2} \tag{1.3}$$

예제 1.2 실린더 체적의 불확실도

실린더 반지름과 높이를 측정하여 실린더의 체적을 결정하는 데 있어 불확실도를 결정해보자. 반지름과 높이의 항으로 나타낸 실린더의 체적은 다음과 같다.

$$\widehat{V} = \widehat{V}(r, h) = \pi r^2 h \tag{1.4}$$

미분하면

$$d\widehat{V} = \frac{\partial \widehat{V}}{\partial r} dr + \frac{\partial \widehat{V}}{\partial r} dh = 2\pi r h \, dr + \pi r^2 \, dh \tag{1.5}$$

가 되며, 여기서

$$\frac{\partial \widehat{V}}{\partial r} = 2\pi r h \quad \text{그리고} \quad \frac{\partial \widehat{V}}{\partial h} = \pi r^2 \tag{1.6}$$

식 (1.5)을 이용하여 **반지름으로 인한 상대 불확실도**와 **높이로 인한 상대 불확실도**는 각각 식 (1.7)과 식 (1.8)과 같이 유도할 수 있다.

$$u_{\forall, r} = \frac{\delta \widehat{V}_r}{\widehat{V}} = \frac{r}{\widehat{V}} \frac{\partial \widehat{V}}{\partial r} u_r = \frac{r}{\pi r^2 h}(2\pi r h) u_r = 2 u_r \tag{1.7}$$

$$u_{\widehat{V}, r} = \frac{\delta \widehat{V}_h}{\widehat{V}} = \frac{h}{\widehat{V}} \frac{\partial \widehat{V}}{\partial h} u_h = \frac{h}{\pi r^2 h}(\pi r^2) u_h = u_h \tag{1.8}$$

체적에 대한 상대 불확실도는 다음과 같다.

$$u_{\widehat{V}} = \pm [(2u_r)^2 + (u_h)^2]^{1/2} \tag{1.9}$$

식 (1.9)에 포함된 계수 2는 실린더 반지름 측정에 있어서의 불확실도가 높이 측정의 불확실도보다 더 큰 영향을 준다는 것을 보여주는 것이다. 그 이유는 체적에 대한 식에서 반경이 제곱되기 때문이다.

1.4 데이터의 응용

실험 측정으로부터 얻은 자료의 응용은 다음 예제들에서 설명되어 있다.

예제 1.3 액체 질량유량의 불확실도

관을 통과하는 물의 질량유량은 비커(Beaker)에 물을 받아서 측정한다. 질량유량은 식 (1.10)과 같이 받은 물의 질량차를 받은 시간 간격으로 나누면 계산된다.

$$\dot{m} = \frac{\triangle m}{\triangle t} \tag{1.10}$$

여기서 $\triangle m = m_f - m_e$, 측정량에 대한 오차[3] 계산은

물이 채워진 비커의 질량 $m_f = 400 \pm 2g\,(20\,대\,1)$
빈 비커의 질량 $m_e = 200 \pm 2g\,(20\,대\,1)$
물을 받는 시간 간격 $\triangle t = 10 \pm 0.2s\,(20\,대\,1)$

측정된 양의 상대 불확실도는 식 (1.11)과 같다.

$$\begin{aligned} u_{m_f} &= \pm \frac{2g}{400g} = \pm 0.005 \\ u_{m_e} &= \pm \frac{2g}{200g} = \pm 0.01 \\ u_{\triangle t} &= \pm \frac{0.2s}{10s} = \pm 0.02 \end{aligned} \tag{1.11}$$

---

[3] 오차는 계측기 정밀도에 따라 달라진다. 현재 예제로 언급된 비커와 시계의 정밀도는 각각 2g와 0.2s가 된다. 이 예제를 다른 예에 적용하려면 계측기의 정밀도를 체크하면 될 것이다.

정미(Net)질량의 측정값에 대한 상대 불확실도는 식 (1.3)으로부터 식 (1.12)와 같이 계산된다.

$$u_{\triangle m} = \pm \left[\left(\frac{m_f}{\triangle m} \frac{\partial \triangle m}{\partial m_f} u_{m_f} \right)^2 + \left(\frac{m_e}{\triangle m} \frac{\partial \triangle m}{\partial m_e} u_{m_e} \right)^2 \right]^{1/2} \quad (1.12)$$

$$= \pm \left\{ [(2)(1)(\pm 0.005)]^2 + [(1)(-1)(\pm 0.01)]^2 \right\}^{1/2}$$

$$u_{\triangle m} = \pm 0.0141$$

$\dot{m} = \dot{m}(\triangle m, \triangle t)$ 이므로 식 (1.10)을 식 (1.13)과 같이 쓸 수 있다.

$$u_{\dot{m}} = \pm \left[\left(\frac{\triangle m}{\dot{m}} \frac{\partial \dot{m}}{\partial \triangle m} u_{\triangle m} \right)^2 + \left(\frac{\triangle t}{\dot{m}} \frac{\partial \dot{m}}{\partial \triangle t} u_{\triangle t} \right)^2 \right]^{1/2} \quad (1.13)$$

요구되는 편도함수 항들은, 다음과 같이 계산한다.

$$\dot{m} = \frac{\triangle m}{\triangle t} \text{ 이므로 } \frac{\partial \dot{m}}{\partial \triangle m} = \frac{1}{\triangle t} \quad (1.14)$$

따라서 $\frac{\triangle m}{\dot{m}} \frac{\partial \dot{m}}{\partial \triangle m} = \frac{\triangle m}{\dot{m}} \frac{1}{\triangle t} = \frac{\dot{m}}{\dot{m}} = 1 \quad (1.15)$

$$\dot{m} = \frac{\triangle m}{\triangle t} \text{ 이므로 } \frac{\partial \dot{m}}{\partial \triangle t} = -\frac{\triangle m}{\triangle t^2} \quad (1.16)$$

따라서 $\frac{\triangle t}{\dot{m}} \frac{\partial \dot{m}}{\partial \triangle t} = \frac{\triangle t}{\dot{m}} \left(-\frac{\triangle m}{\triangle t^2} \right) = (-1) \frac{\dot{m}}{\dot{m}} = -1 \quad (1.17)$

$$\frac{\triangle m}{\dot{m}} \frac{\partial \dot{m}}{\partial \triangle m} = 1 \quad \text{그리고} \quad \frac{\triangle t}{\dot{m}} \frac{\partial \dot{m}}{\partial \triangle t} = -1 \quad (1.18)$$

식 (1.13)에 대입하면 식 (1.19)와 같이 된다.[4]

---

[4] 수식들이 어려운 것처럼 보이지만 천천히 따라서 정리해보면 할 수 있을 것이다. 그리 어렵지 않은 개념이고, 매우 중요한 개념이므로 반드시 자기 것으로 만들어야 한다.

$$u_{\dot{m}} = \pm\left[[(1)(\pm 0.0141)]^2 + [(-1)(\pm 0.02)]^2\right]^{0.5} \tag{1.19}$$
$$u_{\dot{m}} = \pm 0.0245 \quad \text{또는} \quad \pm 2.45\% \ (20\text{대}1)$$

시간 측정에 있어서 2% 불확실도 구간은 결과의 불확실도 구간에 가장 중요하게 영향을 미친다.

예제 1.4 물 유동에 대한 Reynolds 수의 불확실도

관내의 물 유동에 대한 Reynolds 수[5]를 계산하는 식은 식 (1.20)과 같다.

$$Re = \frac{4\dot{m}}{\pi \mu D} = Re(\dot{m}, D, \mu) \tag{1.20}$$

우리는 이미 질량유량을 계산할 때의 불확실도 구간을 예제 1.3에서 계산하여 보았다. μ와 D의 불확실도는 어떠한가?

관의 직경은 $D=6.35mm$로 주어졌다면 그 값이 정확하다고 할 수 있는가? 관의 지름은 거의 0.1mm까지 측정할 수 있으니 관 지름 측정에 있어서의 상대 불확실도는 식 (1.21)과 같다.

$$u_D = \pm \frac{0.05mm}{6.35mm} = \pm 0.00787 \quad \text{또는} \quad \pm 0.787\% \tag{1.21}$$

물의 점성은 온도에 따라 변한다. 온도는 $T = 24 \pm 0.5\text{℃}$로 추정된다. 온도 측정에 있어서의 불확실도가 μ의 불확실도는 어떻게 영향을 미칠 것인가? 이것을 추정할 수 있는 한 가지 방법은 다음과 같다.

$$u_{\mu(T)} = \pm \frac{\delta \mu}{\mu} = \frac{\delta \mu}{\mu} \frac{d\mu}{dT}(\pm \delta T) \tag{1.22}$$

---
[5] 장치실험 3. 레이놀즈 수 측정 실험을 참조하면 된다.

이 도함수는 공칭 온도 24℃ 근처의 부록 표 B.8로 나타낸 점성자료로부터 식 (1.23)과 같이 추산될 수 있다.

$$\frac{d\mu}{dT} \approx \frac{\Delta\mu}{\Delta T} = \frac{\mu(25℃) - \mu(23℃)}{(25-23)℃} = (0.000890 - 0.000933)\frac{N \cdot s}{m^2} \times \frac{1}{2℃}$$

$$\frac{d\mu}{dT} \approx -2.15 \times 10^{-5} N \cdot s/(m^2 \cdot ℃) \tag{1.23}$$

온도로 인한 점도의 상대 불확실도는 식 (1.22)로부터 식 (1.24)와 같이 구할 수 있다.

$$u_{\mu(T)} = \frac{1}{0.000911} \frac{m^2}{N \cdot s} \times -2.15 \times 10^{-5} \frac{N \cdot s}{m^2 \cdot ℃} \times (\pm 0.5℃) \tag{1.24}$$

$$u_{\mu(T)} = \pm 0.0118 \quad \text{또는} \quad \pm 1.18\%$$

부록 표 B.8에 나타낸 점성자료 자체에서도 약간의 불확실도가 있다. 만일 불확실도가 ±1.0%라면 점도에 대한 전체 불확실도의 추정값은 식 (1.25)와 같다.

$$u_\mu = \pm[(\pm 0.01)^2 + (\pm 0.0118)^2]^{1/2} = \pm 0.0155 \quad \text{또는} \quad \pm 1.55\% \tag{1.25}$$

계산된 Reynolds 수에 대한 불확실도 구간을 계산하는 데 필요한 질량유량, 관의 직경 및 점도의 불확실도를 모두 구하였다. 식 (1.20)의 레이놀즈 수는 식 (1.26)과 같이 편도함수들로 정리할 수 있다.

$$\frac{\dot{m}}{Re}\frac{\partial Re}{\partial \dot{m}} = \frac{\dot{m}}{Re}\frac{4}{\pi\mu D} = \frac{Re}{Re} = 1 \tag{1.26}$$

$$\frac{\mu}{Re}\frac{\partial Re}{\partial \mu} = \frac{\mu}{Re}(-1)\frac{4\dot{m}}{\pi\mu^2 D} = -\frac{Re}{Re} = -1$$

$$\frac{D}{Re}\frac{\partial Re}{\partial D} = \frac{D}{Re}(-1)\frac{4\dot{m}}{\pi\mu D^2} = -\frac{Re}{Re} = -1$$

이를 식 (1.3)에 대입하면 식 (1.27)과 같다.

$$u_{Re} = \pm \left\{ \left[\frac{\mu}{Re} \frac{\partial Re}{\partial \mu} u_\mu \right]^2 + \left[\frac{\mu}{Re} \frac{\partial Re}{\partial \mu} u_\mu \right]^2 + \left[\frac{D}{Re} \frac{\partial Re}{\partial D} u_D \right]^2 \right\}^{1/2} \quad (1.27)$$

$$u_{Re} = \pm \left\{ [(1)(\pm 0.0245)]^2 + [(-1)(\pm 0.0155)]^2 + [(-1)(\pm 0.00787)]^2 \right\}^{1/2}$$

$$u_{Re} = \pm 0.0300 \qquad \text{또는} \qquad \pm 3.00\%$$

예제 1.3과 1.4는 실험장치 설계에 대하여 두 가지 중요한 점을 설명하고 있다. 첫 번째, 축적된 질량 $\triangle m$은 두 측정량 m_f와 m_e로부터 계산된다. m_f와 m_e의 측정에 대한 불확실도 구간이 정해져 있는 경우에 $\triangle m$의 상대 불확실도는 $\triangle m$을 보다 크게 함으로써 감소시킬 수 있음을 파악해야 한다.

즉 더 큰 물통을 사용하거나 또는 더 긴 측정 시간 간격 $\triangle t$를 택함으로써 $\triangle m$의 상대 불확실도를 감소시킬 수 있으며, 측정된 $\triangle t$의 상대 불확실도 역시 감소될 수 있다. 두 번째, 부록 표 B.8에 나타낸 성질 자료의 불확실도가 대단히 중요하다. 그 자료의 불확실도도 역시 유체 온도 측정의 불확실도에 따라 증가되기 때문이다.

예제 1.5 공기 속도 측정의 불확실도

풍동 내의 공기 속도는 피토관으로 측정된 측정값(차압)으로부터 식 (1.28)과 같이 베르누이(Bernoulli) 방정식으로부터 구할 수 있다.

$$V = \left(\frac{2gh\rho_{water}}{\rho_{air}} \right)^{1/2} \quad (1.28)$$

이며, 여기서 h는 피토관[6]으로 측정된 마노미터 액주높이이다. 이 예제에서 **언급하고자 하는 것은 제곱근**에 관한 내용이다. h의 불확실도 구간으로 인한 V의 변화는 식 (1.29)와 같다.

---

[6] 장치실험 7. 외부유동실험을 참조하면 될 것이다.

$$\frac{h}{V}\frac{\partial V}{\partial h}=\frac{h}{V}\frac{1}{2}\left(\frac{2gh\rho_{water}}{\rho_{air}}\right)^{-1/2}\frac{2gh\rho_{water}}{\rho_{air}} \qquad (1.29)$$

$$\frac{h}{V}\frac{\partial V}{\partial h}=\frac{h}{V}\frac{1}{2}\frac{1}{V}\frac{2gh\rho_{water}}{\rho_{air}}=\frac{1}{2}\frac{V^1}{V^2}=\frac{1}{2}$$

식 (1.3)을 사용하여 V의 상대 불확실도를 계산하면 식 (1.30)과 같다.

$$u_V=\pm\left[\left(\frac{1}{2}u_h\right)^2+\left(\frac{1}{2}u\rho_{water}\right)^2+\left(-\frac{1}{2}u\rho_{air}\right)^2\right]^{1/2} \qquad (1.30)$$

만일 $u_h=\pm 0.01$이고, 다른 불확실도는 무시할 수 있다면 식 (1.31)과 같이 된다.

$$u_V=\pm\left\{\left[\frac{1}{2}(\pm 0.01)\right]^2\right\}^{1/2} \qquad (1.31)$$
$$u_V=\pm 0.00500 \quad \text{또는} \quad \pm 0.500\%$$

제곱근은 계산된 속도의 상대 불확실도를 u_h 값의 반까지 감소시킨다.

1.5 요약

데이터의 확률적 불확실도에 대한 서술은 실험결과를 완전하고 분명하게 보고하는 데 있어서 매우 중요한 부분이다. 실험 결과의 불확실도를 추정하는 데는 공학에서 공통적으로 요구하는 많은 노력과 더불어 신중성, 경험 및 판단력이 필요하다. 저자들은 측정값의 불확실도에 대한 정량화의 필요성을 강조하였지만, 지면 관계로 몇 가지 예만을 취급하였다. 더 많은 정보는 다음에 열거한 참고문헌(예를 들면 [4, 6, 7])에서 얻을 수 있다. 저자들은 학생들이 졸업을 해서 산업현장에서 실험을 설계할 때나 자료를 해설할 때 참고문헌을 활용할 것을 적극 권장한다.

1.6 참고문헌

1. Pugh, E. M., and G. H. Winslow, The Analysis of Physical Measurements. Reading, MA: Addison-Wesley, 1996
2. Kline, S. J., and F. A. McClintock, "Describing Uncertainties in Sinsle-Sample Experiments," Mechanical Engineering, 75, 1, January 1953, pp. 3-9.
3. Doebelin, E. O., Measurement Systems, 4th ed. New York: McGraw-Hill, 1990.
4. Young, H. K., Statistical Treatment of Experimental Data. New York: McGraw-Hill, 1962.
5. Rood, E. P., and D. P. Telionis, "JFE Policy on reporting Uncertainties in Experimental Measurements and Results," Transactions of ASME, Journal of Fluids Engineering, 113, 3, September 1991, pp. 313-314.
6. Coleman, H. W., and W. G. Steel, Experimentation and Uncertainty Analysis for Engineering. New York: Wiley, 1989.
7. Holman, J. P., Experimental Methods for Engineering. 5th ed. New York: McGraw-Hill, 1989.

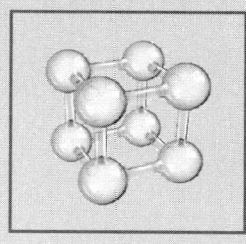

제2장 실험 자료 처리

2.1 개요

실험으로 구한 자료는 불연속적으로 측정된다. **실험 자료는 참값이 아니라 오차가 포함된 근사값이라는 것을 알아야 한다.** 이 자료들을 유연하고 연속적인 함수로 나타낼 수 있는 방법을 이용하면 실험으로 구한 유동정보들의 경향을 식으로 나타낼 수 있게 될 것이다. 실험 자료를 보고서 나타낼 때 보면 대부분 [그림 2.1] (b)와 같은 **보간법(Interpolation)을 이용하나 이는 실험값이 오차를 포함하고 있기 때문에 잘못된 표현이다.** 반드시 실험에서 경향을 파악하려면 [그림 2.1] (a)와 같은 회귀(Regression)법[7]을 이용해서 나타내어야 한다.[8]

2.2 보간법과 회귀법

보간 :   참값 → "Exact" fit
회귀 :   실험값 → "Best" fit (Experimental Error)

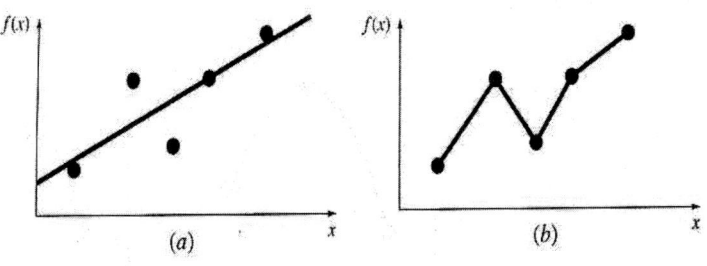

[그림 2.1] 회귀법(a)과 보간법(b)[9]

---

7) 회귀라는 용어는 주식에서 많이 사용되고 있으며 곡선접합 또는 추세선이라고도 한다.
8) 본 교재에서 실험에 대한 내용을 다루고 수식과 이론적인 좀 더 자세한 내용은 수치해석 교재를 참조하면 된다.

2.3 보간법

$x_i(i=0,1,2,...,n)$개의 정보(독립변수)에 대한 함수 값을 알고 있을 때 이들 n개의 모든 함수 값을 통과하는 $[x_i, x_n]$구간 내의 임의의 점 x에 대한 함수 값을 구하는 방법을 보간법이라 하고 함수값을 가지고 독립변수의 값을 구하는 것을 역보간법이라 한다. n차 다항식에 관한 일반적인 공식은 식 (2.1)과 같다.

$$f(x) = a_0 + a_1 x + a_2 x^2 + ... + a_n x^n \tag{2.1}$$

(n+1)개의 data에 대해 모든 점을 통과하는 다항식은 차수가 n차 이하인 방정식이 되고 선형방정식은 식 (2.2)와 같으며 [그림 2.2]의 (a)와 같다.

$$f(x) = a_0 + a_1 x \tag{2.2}$$

보간법 수식의 계산은 다음의 4가지 방법이 이용하는데, 자세한 것은 생략한다.
1) 미정계수법(Undetermined Coefficient Method)
2) Newton의 상차분 보간 다항식
3) Lagrange의 보간 다항식
4) Spline 보간 다항식

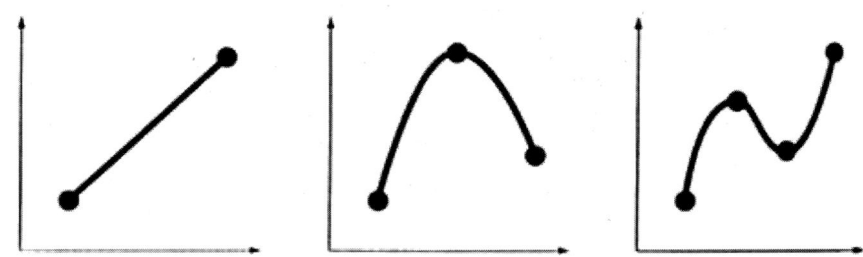

(a) 1차 방정식, 2개의 data   (b) 2차 방정식, 3개의 data   (c) 3차 방정식, 4개의 data

[그림 2.2] 보간법에 의한 n차 방정식

---

9) Chapra, Canale 저, Numerical Methods for Engineers, 6th ed.

2.4 회귀법

실험에서 많이 사용되는 회귀법은 [그림 2.3]에서 보듯이 최소자승법(Least Square Method)을 이용하게 되는데 이 방법은 [그림 2.4]와 식 (2.3)과 같이 데이터 점과 직선 (참값)사이와 차이 나는 식 (2.4)와 같은 오차들의 합을 최소화하는 방법이다. 본 교재에서는 식 (2.3)과 같이 선형모델만 고려하여 설명하고자 한다.

$$y = a_0 + a_1 x + e \tag{2.3}$$

$$e = y - a_0 - a_1 x \tag{2.4}$$

식 (2.3)과 식 (2.4)의 a_0와 a_1은 y축의 절편과 함수의 기울기를 나타내는 계수이다.

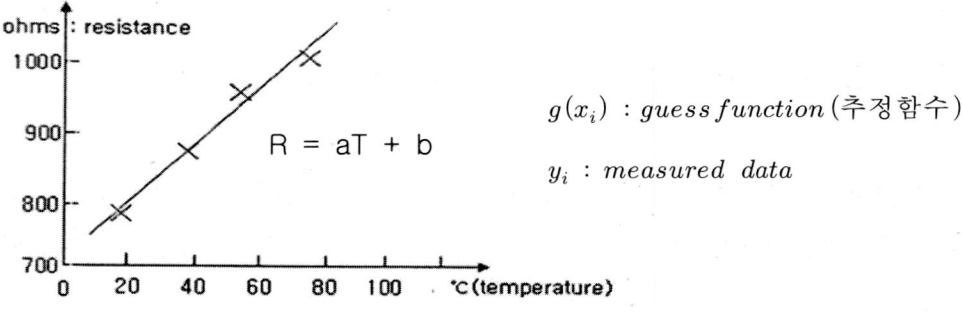

[그림 2.3] 회귀법을 설명하는 온도측정 자료

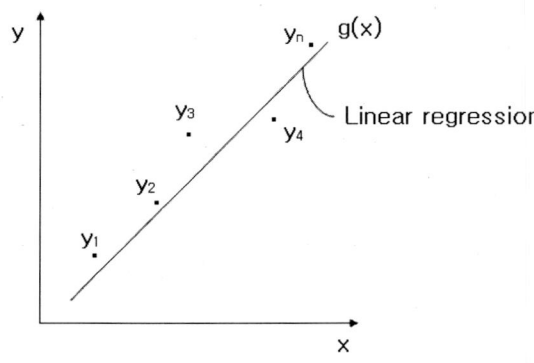

[그림 2.4] 측정값들로부터 구해진 선형 회귀선

식 (2.3)의 오차는 1개의 측정값이고, [그림 2.4]에서 보듯이 측정값이 n개라고 한다면 오차의 합은 식 (2.5)와 같이 나타낼 수 있다. 단 오차라는 것이 양(+)의 값도 있고 음(-)의 값도 있으므로 합으로 표현되는, 식 (2.5)는 0이 될 수 있고, 이 단점을 해소하기 위하여 식 (2.6)과 같이 제곱을 취하여 최소화하는 방법이다. 식 (2.6)의 E의 값이 작을수록 Data에 잘 적합 되었다는 뜻이다.

$$E(g) = |e_1| + |e_2| + \cdots + |e_n| = \sum_{i=1}^{n} |e_i| = \sum_{i=1}^{n} |y_i - g(x_i)| \tag{2.5}$$

$$E(g) = e_1^2 + e_2^2 + \cdots + e_n^2 = \sum_{i=1}^{n} e_i^2 \tag{2.6}$$

식 (2.6)의 $E(g)$를 최소자승오차(Least Square Error)라 하고 식 (2.7)과 식 (2.8)과 같이 정의한다.

$$E(g) = \sum_{i=1}^{n} |y_i - g(x_i)|^2 = Sr \tag{2.7}$$

$$Sr = \sum_{i=1}^{n} [y_i - g(x_i)]^2 = \sum_{i=1}^{n} [y_i - a_0 - a_1 x_i]^2 \tag{2.8}$$

Sr을 최소화시키기 위하여 각 계수마다 식 (2.9)과 같이 미분을 해주면 된다. 본 예제에서는 선형예제이기 때문에 2개의 계수(a_0와 a_1)에 대하여만 식 (2.10)과 식 (2.11)과 같이 미분하게 된다.

$$\frac{\partial Sr}{\partial a_i} = 0 \ (i = 0, 1, \cdots, n) \tag{2.9}$$

$$\frac{\partial Sr}{\partial a_0} = -2\sum_{i=1}^{n}[y_i - a_0 - a_1 x_i] = -2\left[\sum_{i=1}^{n} y_i - na_0 - a_1\left(\sum_{i=1}^{n} x_i\right)\right] = 0 \tag{2.10}$$

$$\frac{\partial Sr}{\partial a_1} = -\sum_{i=1}^{n} 2[y_i - a_0 - a_1 x_i]x_i = -2\left[\sum x_i y_i - a_0\left(\sum_{i=1}^{n} x_i\right) - a_i\left(\sum x_i^2\right)\right] = 0$$

$$\tag{2.11}$$

식 (2.10)과 식 (2.11)은 식 (2.12)와 식 (2.13)과 같이 행렬로 정리할 수 있다. 선형방정식이기 때문에 2×2행렬이 되며, 2차 방정식으로 가정을 하면 3×3행렬이 된다.

$$na_0 + (\sum x_i)a_1 = \sum y_i \qquad (2.12)$$
$$(\sum x_i)a_0 + (\sum x_i^2)a_1 = \sum x_i y_i$$

$$\begin{bmatrix} n & \sum x_i \\ \sum x_i & \sum x_i^2 \end{bmatrix} \begin{bmatrix} a_0 \\ a_1 \end{bmatrix} = \begin{bmatrix} \sum y_i \\ \sum x_i y_i \end{bmatrix} \qquad (2.13)$$

식 (2.13)의 행렬을 가우스 소거법(Gauss-Elimination Method) 또는 크래머 방법(Crammer's Rule)를 이용하여 해(계수)를 구하면 된다. 단 식 (2.14)는 크래머 방법을 이용한 것이다.

$$a_0 = \frac{\begin{vmatrix} \sum y_i & \sum x_i \\ \sum x_i y_i & \sum x_i^2 \end{vmatrix}}{\begin{vmatrix} n & \sum x_i^2 \\ \sum x_i & \sum x_i^2 \end{vmatrix}}, \quad a_1 = \frac{\begin{vmatrix} n & \sum y_i \\ \sum x_i & \sum x_i y_i \end{vmatrix}}{\begin{vmatrix} n & \sum x_i \\ \sum x_i & \sum x_i^2 \end{vmatrix}} \qquad (2.14)$$

구해진 계수를 식 (2.3)에 적용하면 회귀식을 구할 수 있다.

2.5 Excel 추세선 기능을 통한 선형 회귀분석

■ 회귀분석시 실험값과의 오차 고려

회귀분석시 가장 중요한 것은 회귀분석된 곡선이 실제 실험값과 허용 가능한 오차범위 내에 있어야 한다는 것이다. 그것을 검증하기 위한 몇 가지 이론식들이 제안되고 있다.

(1) y추정 표준오차

y추정 표준오차는 y값을 구했을 때의 표준오차를 계산하는 것이다. 이 오차는 계산된 추정 곡선의 신뢰도를 결정하는데 쓰인다. 이 추정은 신뢰도 95%내에서 이루어지며 표준오차는 식 (2.15)와 같이 주어진다.

$$S_{y \cdot x} = \sqrt{\frac{\sum_{i=1}^{n}(y_i - y(x_i))^2}{n-2}} \tag{2.15}$$

(2) 상관도(r^2)

상관도는 회귀분석으로 구해진 곡선이 얼마나 잘 일치하는지를 나타내는 척도이며 보통 0.9이상이어야만 상관도가 있다는 결론을 내릴 수 있으며 1이 되면 완벽한 상관관계가 있음을 나타낸다. 여기서 식 (2.17)의 $<y_i>$ 는 데이터 평균값을 의미한다.

$$r^2 = 1 - \frac{\sum_{i=1}^{n}(y_i - y(x_i))^2}{\sum_{i=1}^{n}(y_i - <y>)^2} \tag{2.16}$$

$$<y_i> = \frac{\sum_{i=1}^{n} y_i}{n} \tag{2.17}$$

추세선을 통한 회귀분석시 실험값과 추세선 간의 신뢰성 판별은 상관도에 의해 이루어진다.

	A	B	C
1	관지름	0.025	m
2	동점성계수	0.0000015	m^2/s
3			
4	유동속도	레이놀즈 수	
5	m/s		
6	0.1	1500	
7	0.2	3500	
8	0.3	6000	
9	0.4	5900	
10	0.5	8000	

[그림 2.5] 레이놀즈 수 실험결과에서 구해진 실험결과 값

■ **Excel의 추세선 기능을 통한 회귀분석**

엑셀[10]의 추세선 기능을 통한 회귀분석은 **이론식의 형태를 알 때만 사용해야 비슷한 결과 값**을 얻어 낼 수 있다. 이를 위하여 레이놀즈 수 실험결과를 예를 들어 설명하고자 한다. 실험결과 [그림 2.5]와 같이 유동속도-레이놀즈 수와의 상관관계에 대한 데이터를 이용하였다.

우선 분산형 차트를 작성하기 위하여 [그림 2.6]과 같이 마우스를 사용하여 계산하고자 하는 범위를 드래그 한 뒤 **"삽입" → "분산형" → "표식만 있는 분산형"**을 클릭하면 [그림 2.7]과 같이 그래프가 나타난다.

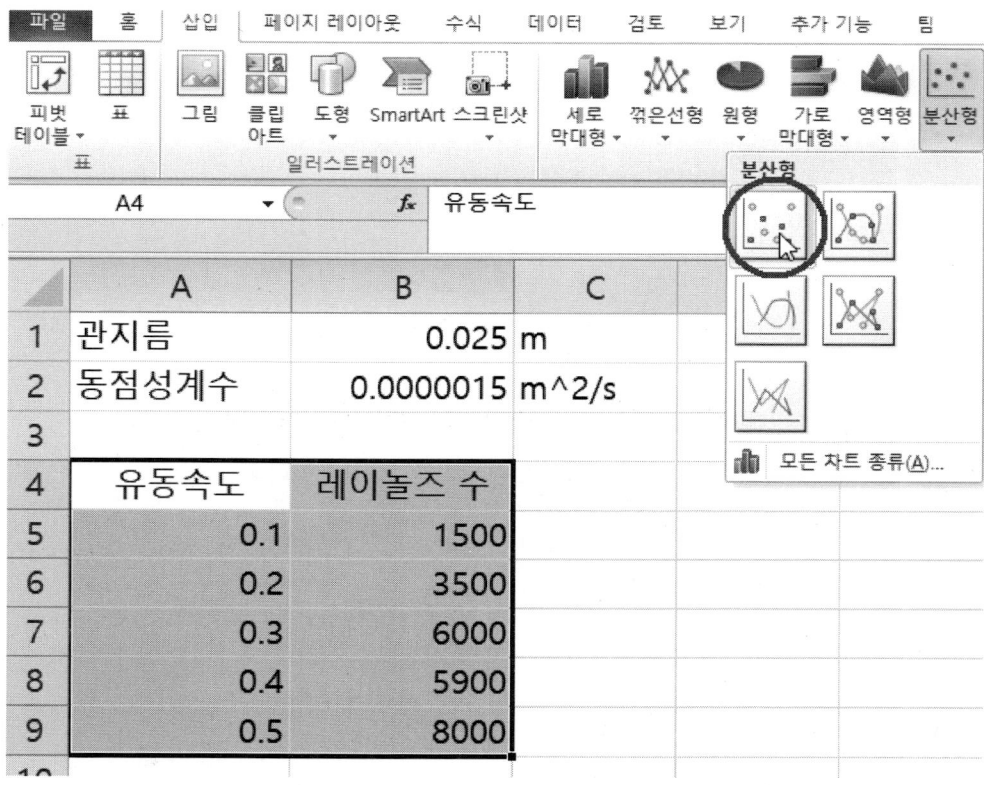

[그림 2.6] 마우스를 사용하여 계산하고자하는 범위 드래그와 삽입에서 분산형 형태의 그래프 선택

---

10) 마이크로소프트사 엑셀의 버전에 따라 일부 내용이 차이날 수 있으나 전달하고자 하는 내용은 크게 문제 없다.

[그림 2.7]은 기본적으로 제공하는 그래프이므로 이에 대한 기본적인 정보가 없다. 따라서 x축과 y축의 축 이름을 입력을 하기 위하여 축제목을 입력해주어야 한다. 이를 위하여 가로 축제목은 "레이아웃" → "축제목" → "기본 가로 축제목" → "축 아래 제목" 을 그리고 세로 축제목은 "레이아웃" → "축제목" → "기본 세로 축제목" → "제목 회전"를 선택을 하면 [그림 2.8]과 같이 나타내게 되고 [그림 2.9]와 같이 가로, 세로 축제목을 수정하여 주어야 한다. 그리고 "차트제목"과 "범례"는 삭제하고 범례 표시의 체크를 없앤 후 다음을 클릭하면 [그림 2.10]과 같은 분산형 차트를 얻을 수 있다.

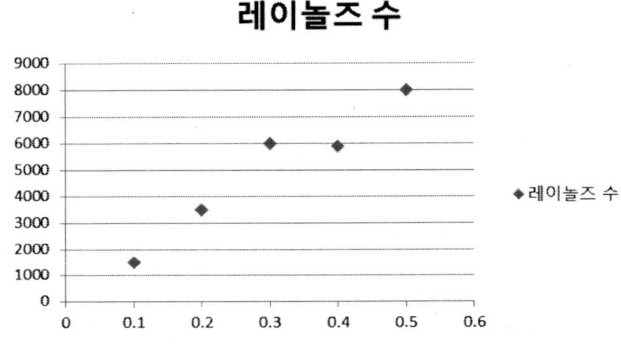

[그림 2.7] 표시만 있는 분산형 그래프

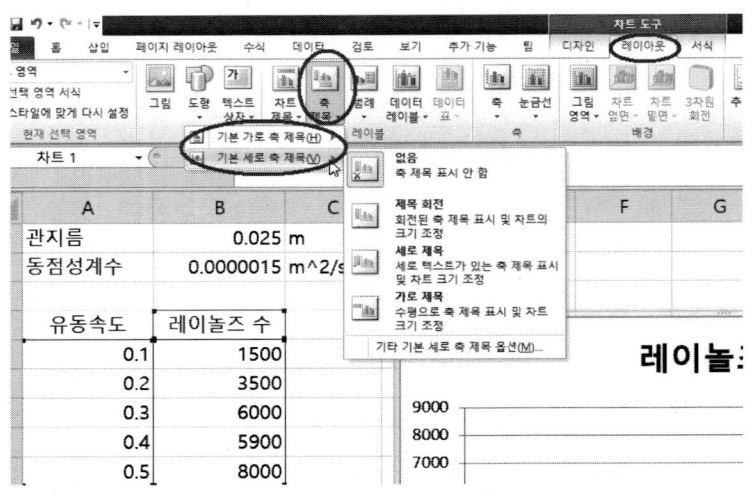

[그림 2.8] x, y축의 제목을 입력하는 단계

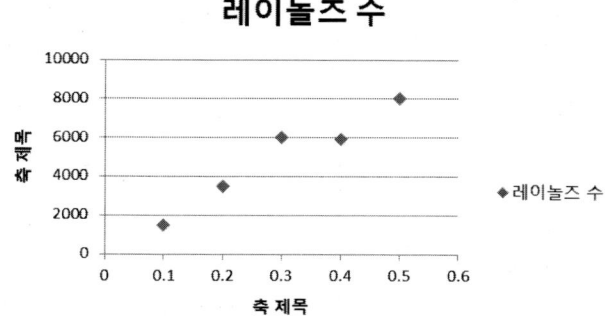

(a) 축제목을 선택했을 때의 나오는 화면

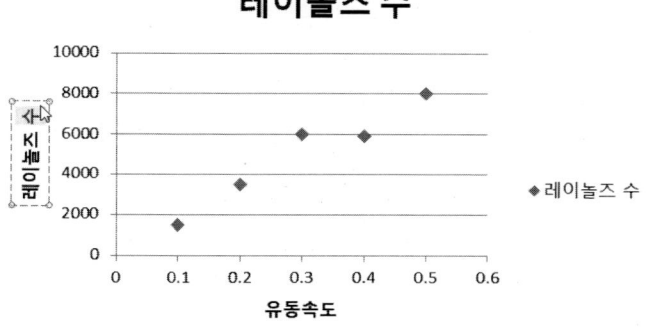

(b) 축제목을 입력하는 단계

[그림 2.9] x, y축의 제목을 입력하는 단계

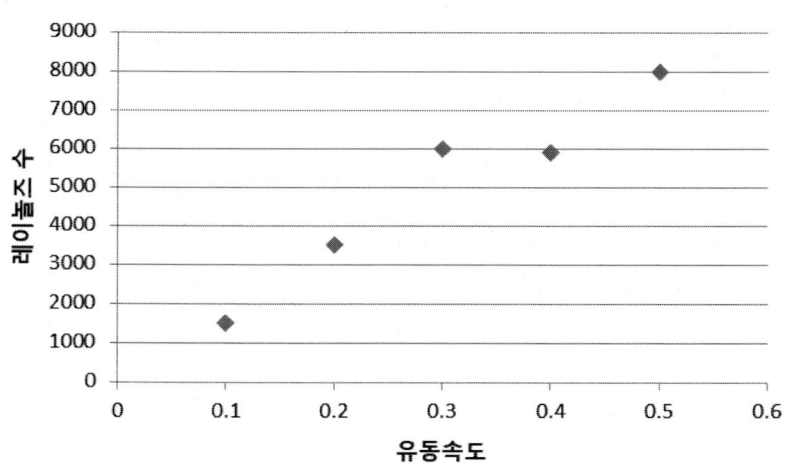

[그림 2.10] 차트마법사 4단계 중 3단계

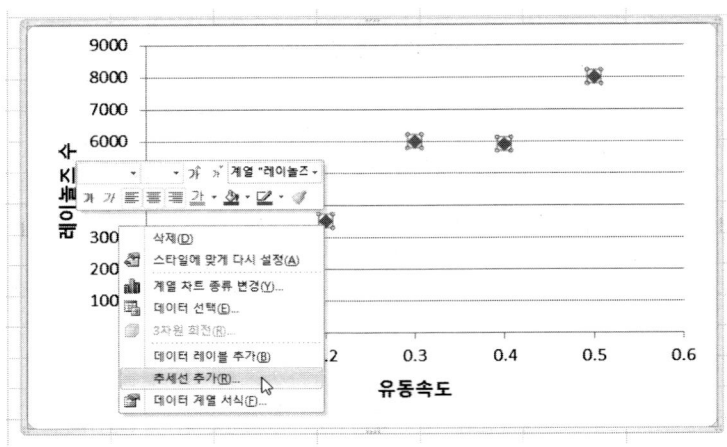

[그림 2.11] 추세선 선택

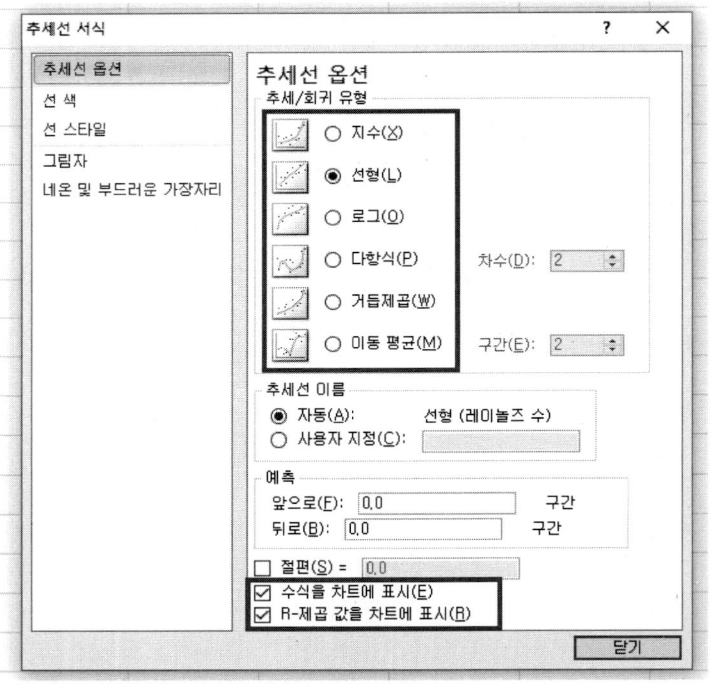

[그림 2.12] 추세선 종류 선택

이렇게 얻은 분산형 차트를 통해 [그림 2.11]과 같이 추세선을 추가하고 [그림 2.12]에서 선형 추세선(데이터의 경향을 보고 여러 가지를 선택해 본다)을 선택한다. 각각의 옵션은 다음과 같은 의미를 지닌다.

(1) 선형 : 선형 방정식 $y = ax + b$에 의해 추세선이 만들어지게 된다.
(2) 로그 : 로그 방정식 $y = a + b\ln x$에 의해 추세선을 계산한다.
(3) 2차 다항식 : $y = a + bx + cx^2$의 방정식으로 추세선을 계산한다.
다항식은 차수를 선택하면 된다.

추세선을 산출한 후 신뢰성 검증을 위해 상관도를 확인하기 위하여 [그림 2.12]의 하단에 있는 옵션 탭 중 **'수식을 차트에 표시'**와 **'R-제곱 값을 차트에 표시'**를 클릭한 후 확인을 클릭한다. [그림 2.13]과 같이 레이놀즈 수 측정에 대한 선형화된 식을 얻을 수 있으며 상관도가 0.9371로 신뢰할 수 있는 회귀분석식임을 알 수 있다.

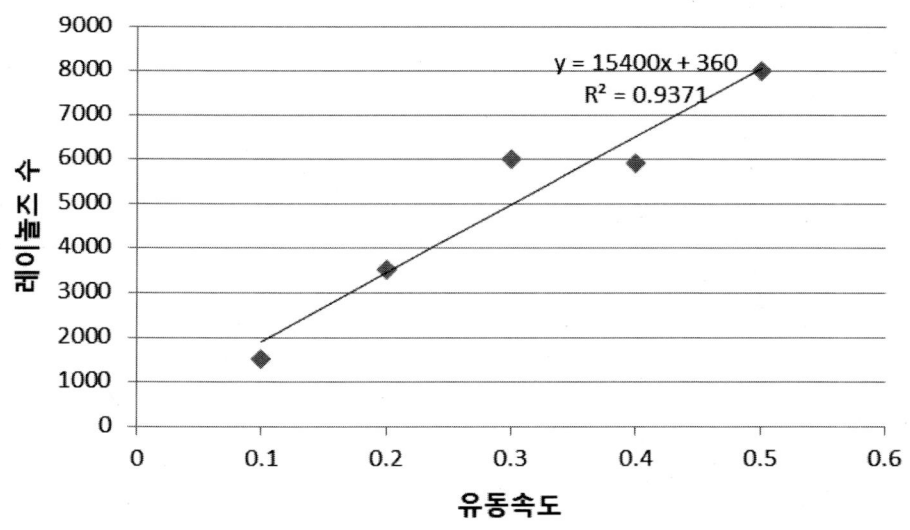

[그림 2.13] 상관도가 표시된 추세선

실험시 측정된 데이터는 경향을 파악하기 위하여 반드시 추세선을 이용하여 나타내어야 한다. 이런 방법에 반드시 익숙해져야 한다. 이건 선택이 아니라 필수사항이다.

Ⅱ. ANSYS-CFX 사용법

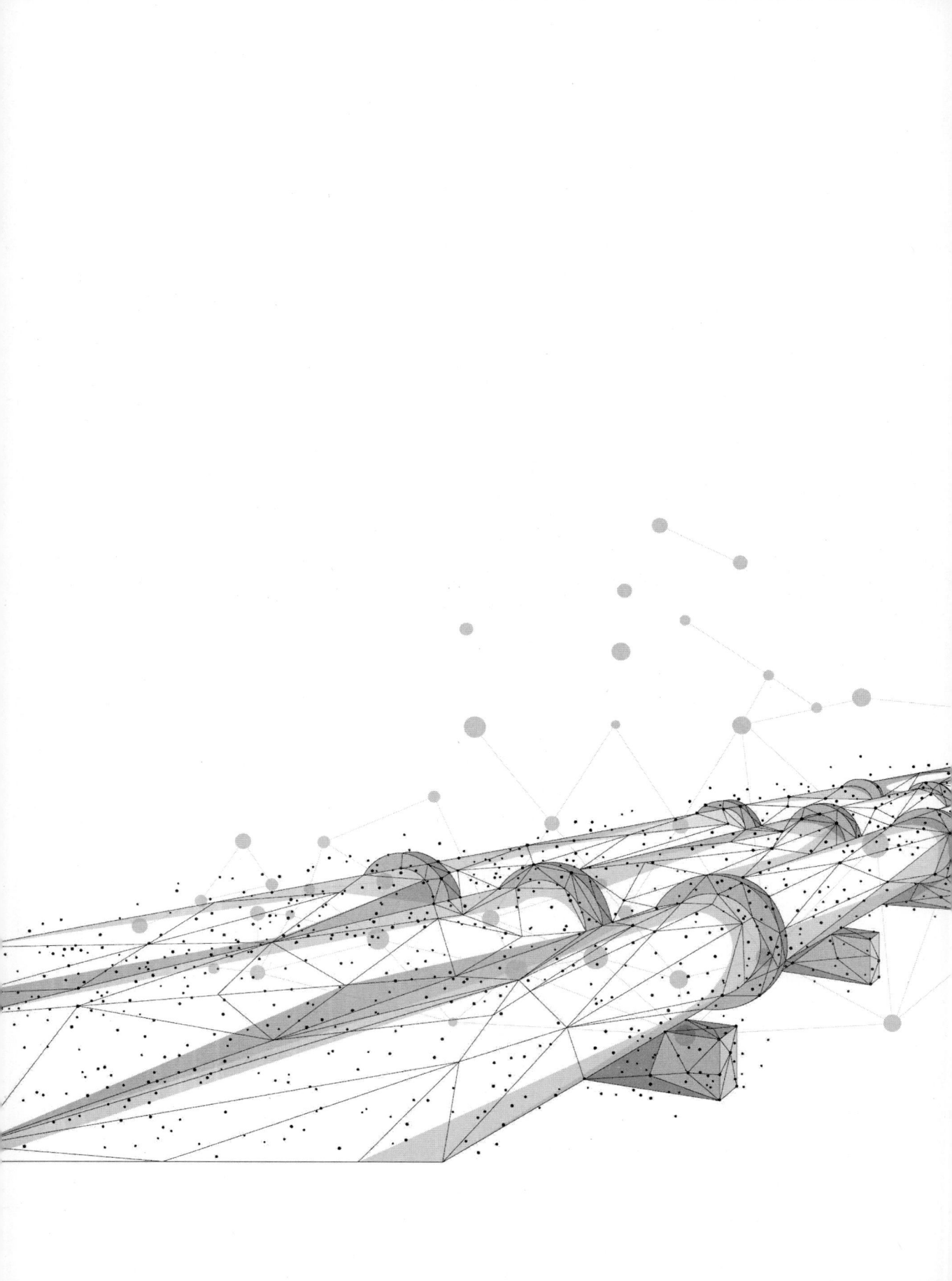

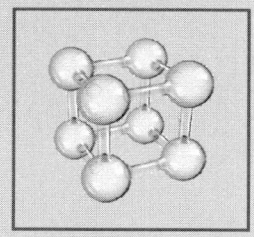

제1장 전처리 작업

1.1 처음 시작방법

- ANSYS-CFX[11]를 구동한다.
- 다음에 나오는 ANSYS-CFX Launcher 창에서 Working Directory를 적용할 경로로 지정한다.

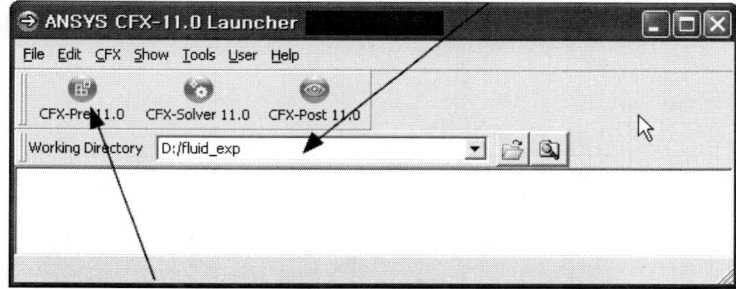

[그림 1.1]　CFX Launcher

- 이어서 화면의 메뉴 중 CFX-Pre를 선택한다.
- 다음에 나타나는 CFX-Pre의 창에서 File 메뉴의 New Simulation 클릭

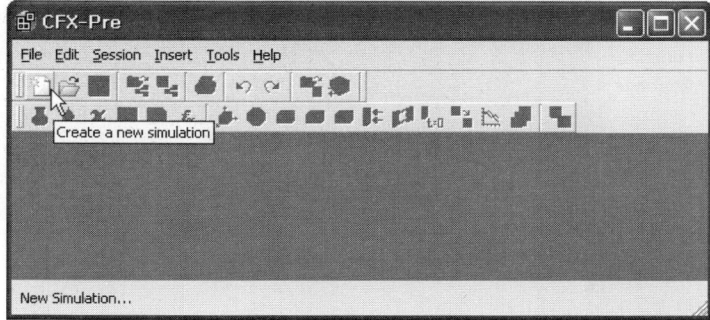

[그림 1.2]　CFX-Pre

---

11) 2021년 8월 현재 ANSYS-CFX은 최신버젼은 19이다. 본 교재에서 설명은 Ver.11로 되어 있으나 CFX의 내용은 전체적으로 차이가 없다.

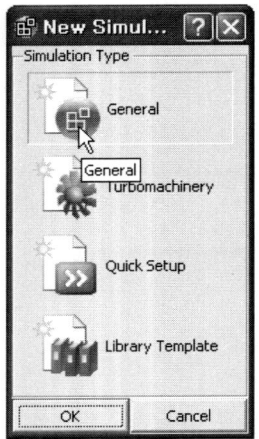

· 이어서 나타나는 창에서 General를 선택하고 OK를 누르며 [그림 1.4]와 같은 CFX-Pre 화면이 뜬다.

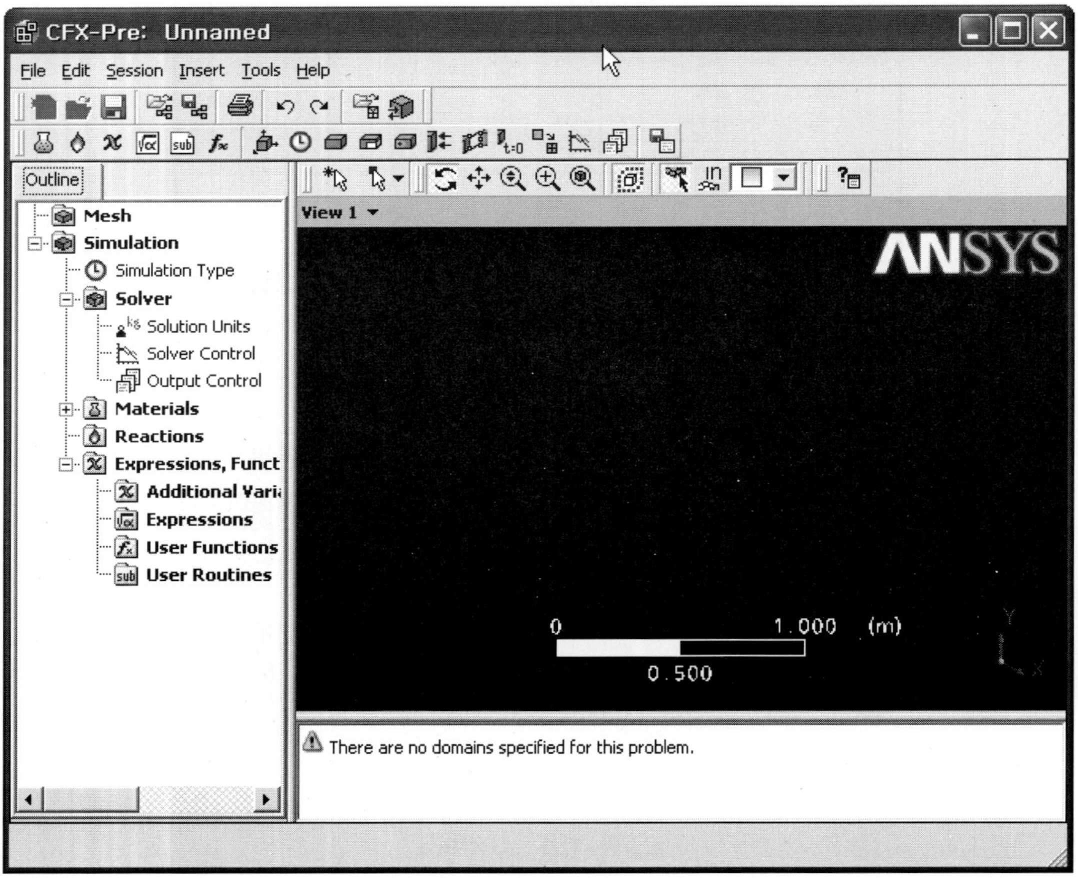

[그림 1.3] New Simulation

[그림 1.4] CFX-Pre Gui

1.2 메쉬 파일 불러오기 방법

- 메쉬(Mesh, 격자)를 불러오기 위하여 [그림 1.4]의 왼쪽 창에 있는 트리구조에서 **'Mesh'** 항목을 마우스 오른쪽 클릭하면 [그림 1.5]와 같은 창이 나타나고 이때 **'Import Mesh'** 아이콘을 클릭한다.

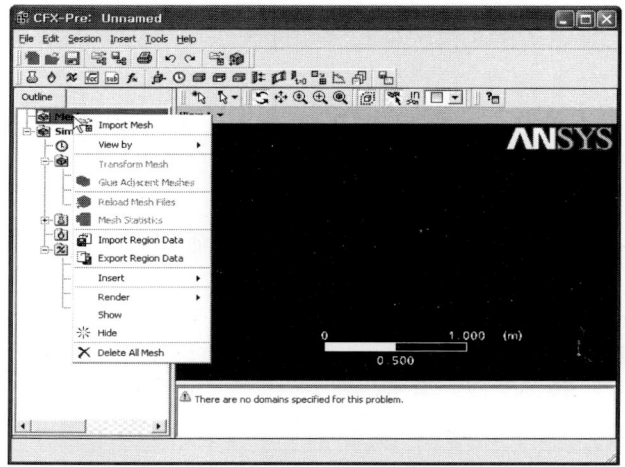

[그림 1.5] Import Mesh 하는 방법

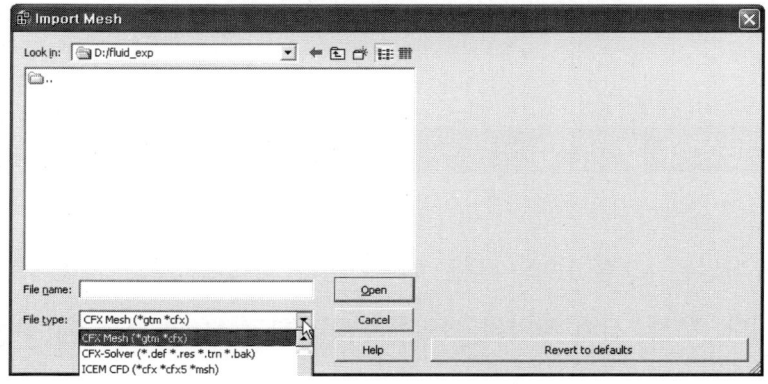

[그림 1.6] Import Mesh 하는 방법

- [그림 1.6]에서 저장된 격자 파일을 불러와 선택하여 주면 된다. 단 격자 파일의 형태는 생성된 프로그램에 따라 [그림 1.7]과 같이 확장자가 다를 수 있으므로 주의하여 선택한다.

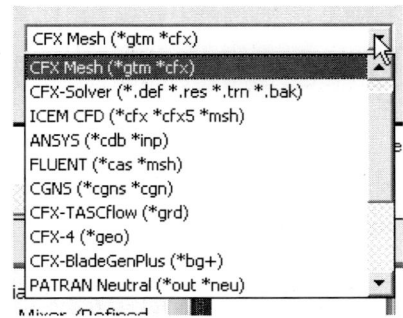

[그림 1.7] 생성된 프로그램에 따라 달라지는 확장자 명

- 단 본 예제에서는 설명을 위하여 기존에 만들어진 cfx화일을 이용하여 선택하여 주었다.
- 대부분의 작업은 [그림 1.8]과 같이 상단의 우측에 나타나 있는 아이콘으로 가능하다.

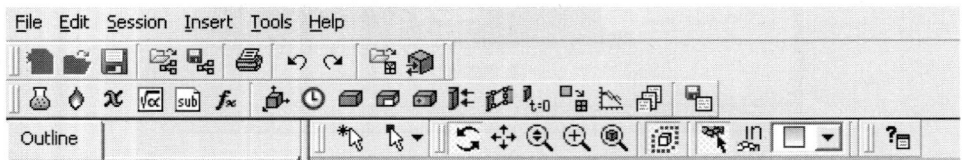

[그림 1.8] 상단 우측에 나타나 있는 아이콘

1.3 유동상태 설정방법

- 기본적인 작업은 [그림 1.9]와 같은 아이콘들을 좌측에서부터 차례대로 클릭하여 실시하면 된다. 우선, 시계 모양의 아이콘을 선택하고 Steady State와 Transient 중에서 하나를 선택한다.

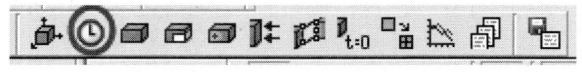

[그림 1.9] 기본설정용 아이콘

- 층류나 난류에 관계없이 시간에 따라 일정한 유동양상으로 유체가 흐르고 이 상태에서의 유동을 보고 싶으면 Default인 Steady State를 선택한다. 만약 흐름의 동적 변화를 원하면 Transient를 선택한다.
- Steady State로 선택한 경우에는 더 이상의 설정이 불필요하므로 아래 쪽 OK 혹은 Apply 버튼을 누르면 된다. Transient의 경우에는 그 아래에 세 개의 시간 관련 정보를 설정해야 한다. 그러나 여기서는 Steady State 만으로 설명한다.

1.4 도메인 설정방법

- [그림 1.10]과 같이 오른쪽의 Create a Domain 아이콘을 선택한다.

[그림 1.10] Domain 설정시 아이콘 클릭

- 다음 창에서 Name을 "Domain 1"로 그대로 두고 OK한다.
- Domain 1에 대한 편집 창 중에서 General Options의 Fluid List를 Water로 변경한다.
- [그림 1.11]과 같이 Fluid Models를 선택하고 [그림 1.12]와 같이 Heat Transfer Model을 Thermal Energy로 선택한다. Turbulence Model은 k-Epsilon 그대로 둔다. 아래의 OK 버튼 클릭.

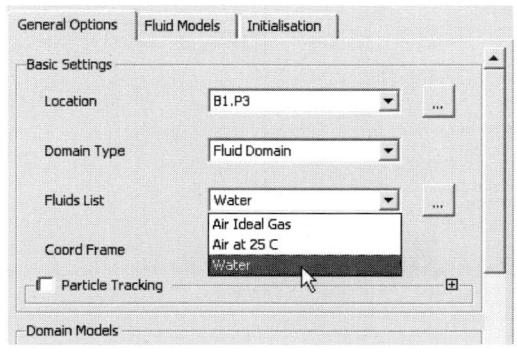

[그림 1.11] 유체 선택

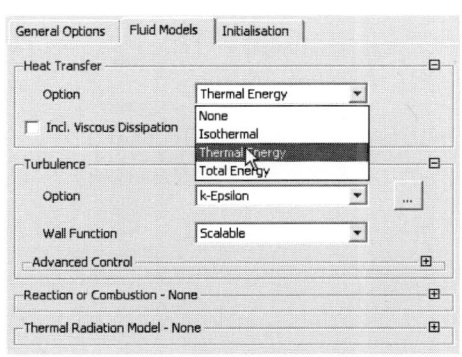

[그림 1.12] 열전달 조건 선택

1.5 경계조건 설정방법

- [그림 1.13]과 같이 6번째에 있는 Create a Boundary Condition 아이콘을 선택한다.

[그림 1.13] 경계조건 선택시 아이콘 선택

- 다음 창은 OK로 하고, [그림 1.15]와 같은 Boundary 편집 창에서 Basic Settings의 편집 창에서 Basic Settings의 Boundary Type은 inlet로, 그 아래의 Location은 in1로 선택한다.

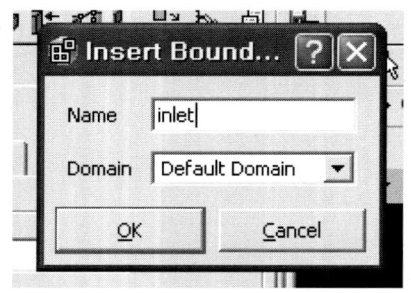

[그림 1.14] 경계조건 이름 설정

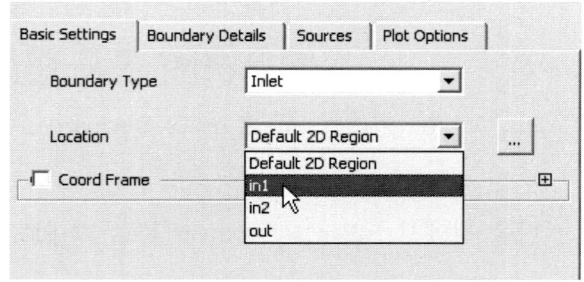

[그림 1.15] 경계조건 유입위치 결정

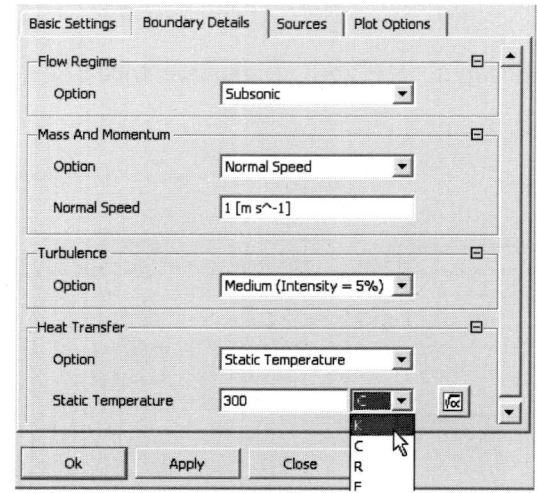

[그림 1.16] 속도값과 온도값 부여

- [그림 1.16]과 같은 Boundary Details 창을 열고, Normal Speed를 1[m/s]로, Static Temperature를 300[K]로 설정한다. 아래의 OK 버튼 누름.

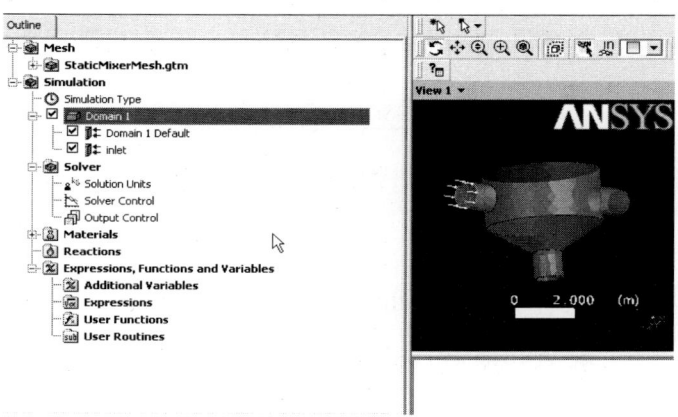

[그림 1.17] 경계조건 설정시 결과모습

- 그러면 [그림 1.17]과 같이 우측의 View 창에서 in1의 입구면에 적용된 경계조건이 흰색의 속도벡터와 적색의 격자모양으로 표시된다.
- Create a Boundary Condition 아이콘을 다시 클릭하고, 같은 방법으로 in2를 유입 경계 inlet로 설정한다. 그리고 Normal Speed는 1[m/s], Static Temperature는 350[K]로 설정한 뒤 OK.
- Create a Boundary Condition 아이콘을 다시 한 번 더 선택하고, Boundary 편집창의 Basic Settings에서 Boundary Type은 outlet으로, Location은 out으로 지정한다.

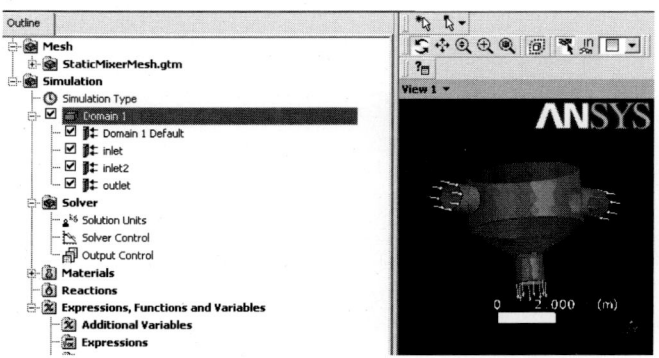

[그림 1.18] 경계조건 설정시 결과모습2

- 그 다음의 Boundary Details에서는 Mass and Momentum의 Relative Pressure를 0으로 설정하고 OK. outlet 형태의 경계는 [그림 1.18]과 같이 황색의 속도벡터로 표시된다. 한편, Opening 형태의 경계를 설정하면 이 경계면을 통해 유체의 출입이 자유로워진다.(그러나, 이러한 형태의 경계조건은 그 설정시 신중을 기해야 한다.)

1.6 수렴조건 설정방법

- [그림 1.19]와 같이 상단의 Define the Solver Control Criteria 아이콘 클릭.

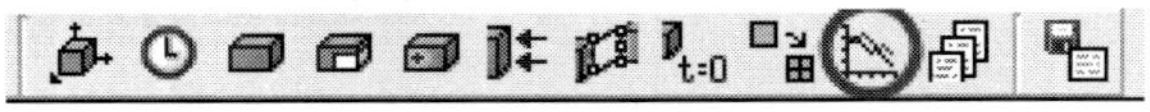

[그림 1.19 수렴조건 설정시 아이콘 클릭]

- [그림 1.20]과 같이 Basic Settings의 Max. Iterations을 15로 변경하고 OK를 누른다.

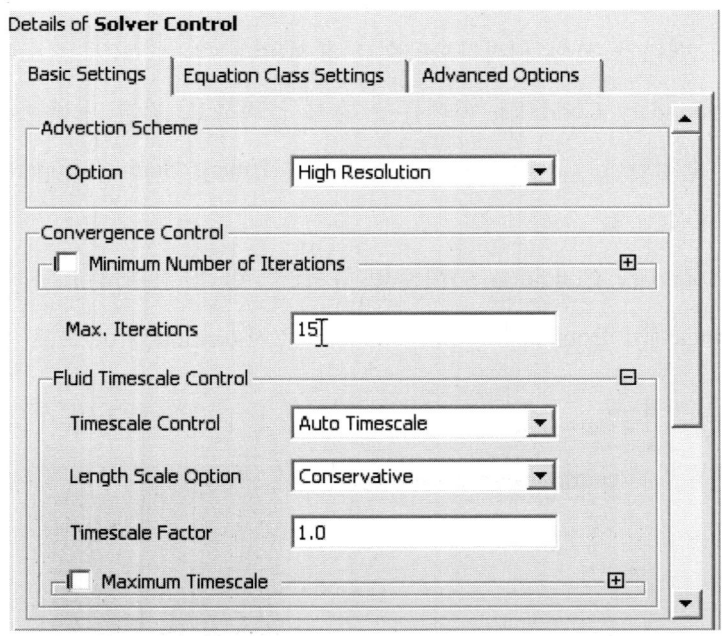

[그림 1.20] 수렴조건 세팅

1.7 저장 방법

- 모든 작업이 끝나면 [그림 1.21]과 같이 저장을 하면 된다. 단 저장은 작업에 구애받지 말고 언제든지 수행하여야 급작스러운 일에 대비할 수 있다.

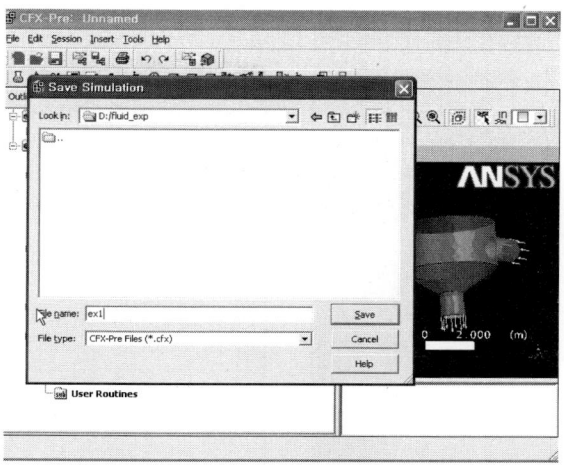

[그림 1.21] 저장방법

- 모든 항목에 대한 설정과 수정이 끝났으면, [그림 1.22]과 같이 상단의 메뉴 중 가장 우측에 있는 Write a Solver File을 선택한다.

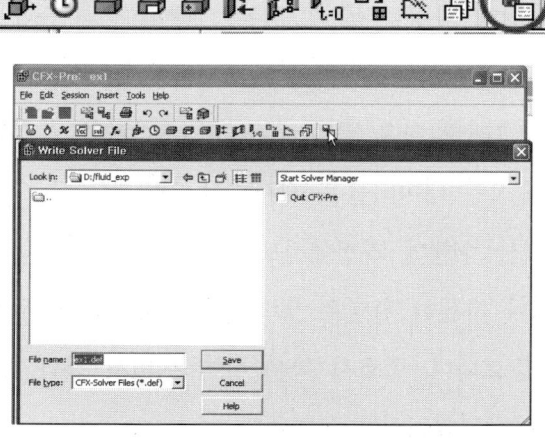

[그림 1.22] def 파일 저장

1.8 실행 방법

- 파일 설정에 대한 답을 하고 나면 [그림 1.23]과 같이 자동적으로 CFX-Solver 창으로 연결된다. 맨 아래에 있는 Start Run 버튼 클릭한다. 단 이때 생성되는 파일은 저장된 파일에 확장자가 .def가 붙어 저장이 된다.

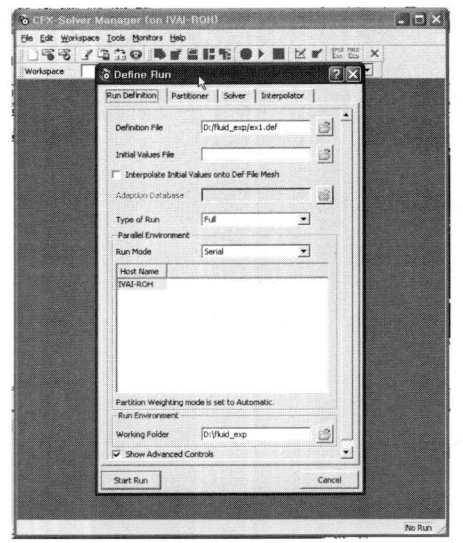

[그림 1.23] 실행하기 위한 창   [그림 1.24] 실행중인 창 모습

- 계산이 실행되면서 실행 과정을 볼 수 있는 그래픽 창과 Text 창이 [그림 1.24]와 같이 나타난다.
- [그림 1.24]의 상부 그래픽 창은 각종 유동 변수의 변화 과정을 나타내고 있으며 하부의 Text 창은 구체적인 데이터들을 제시하고 있다.
- 상단의 메뉴들은 계산 수행의 과정에서도 클릭하여 각종 설정 값을 조정할 수 있도록 되어 있다. 그러나 자세한 설명은 생략한다.(각종 CFX-Solver Manual 참조)
- 계산은 15회 만에 종료되며, 종료시 작은 창이 뜨면서 결과 데이터들이 어느 디렉터리의 어떤 파일에 저장되었는지를 보여준다.
- 계산이 종료가 되면 *.res과 *,out이 생성이 된다. res화일은 후처리작업에서 사용하기

위한 파일이며, *.out 파일 안에는 계산된 데이터를 출력해 놓은 파일이다. 단 파일 용량의 제한으로 Output 파일에는 수렴중인 오차 값외 기본적인 값들만 Default로 저장되어 있다. 따라서 필요한 정보를 값으로 얻고 싶다면 Pre작업 내 Output Control 모듈에서 원하는 변수량을 선택해주어야만 한다.

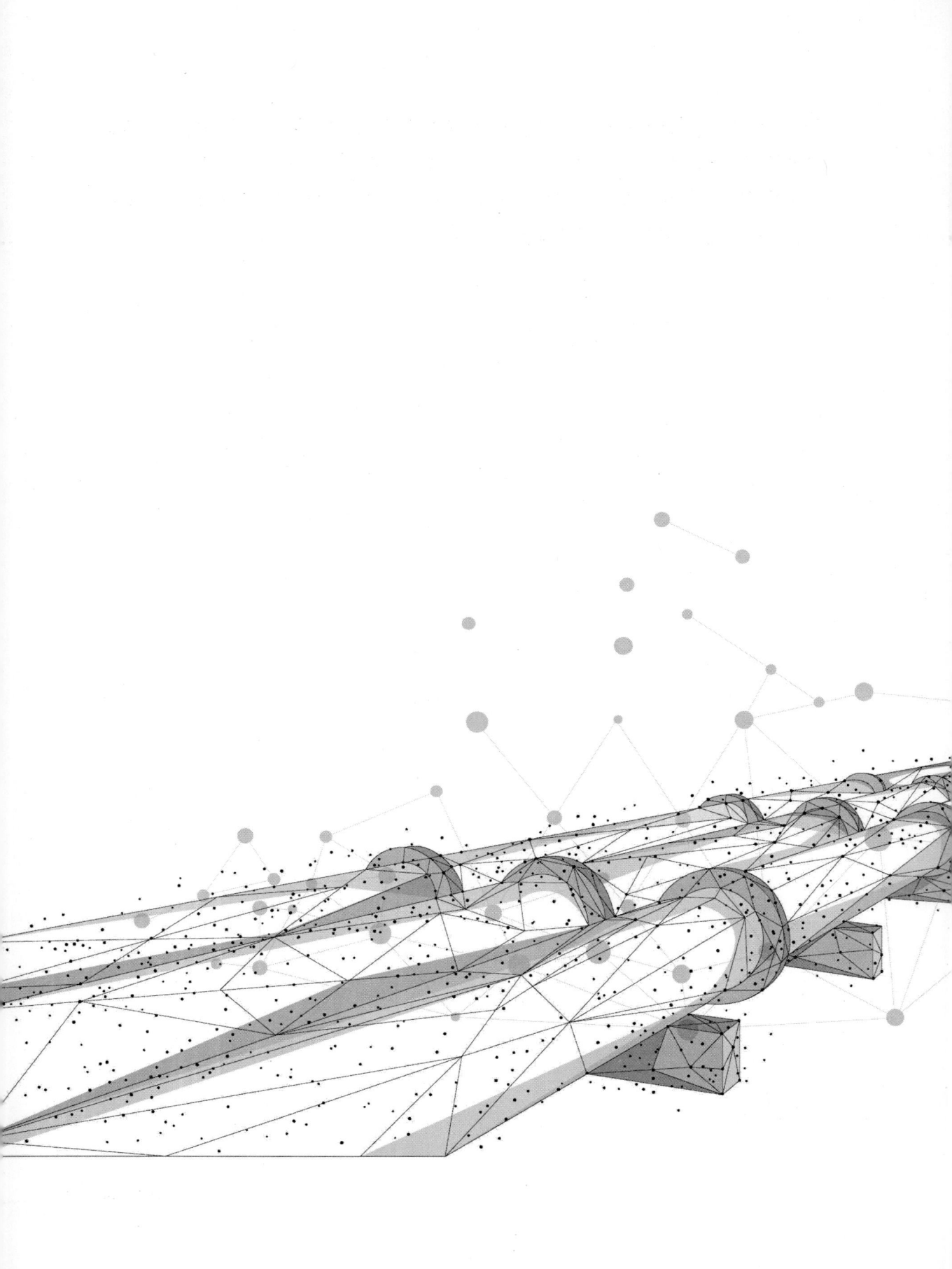

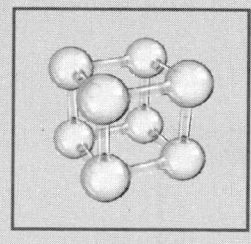

제2장 후처리 작업

2.1 처음 시작방법

- 후처리하는 작업의 순서는 2가지가 있다.
    - [그림 2.1]과 같이 실행 후 연속적으로 이어서 하는 방법

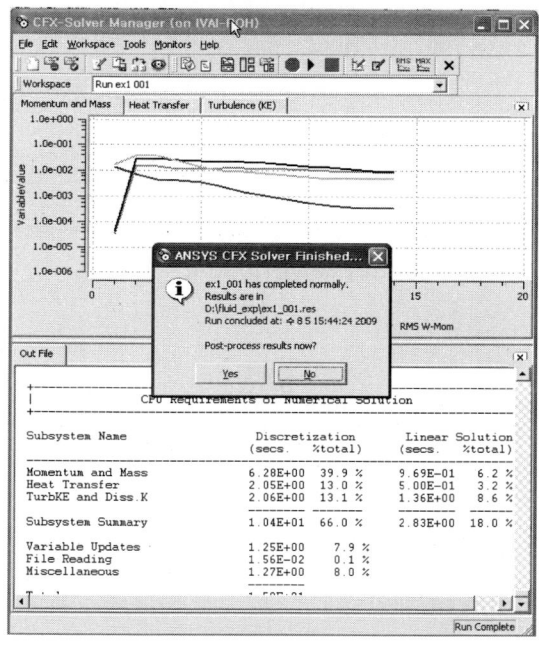

[그림 2.1] 후처리작업 시작하는 첫 번째 방법

- 새롭게 CFX-Post를 구동시켜 CFX-Pre와 동일한 방법으로 수행하는 방법
- 상단 메뉴 중에서 File의 Load Results..를 선택 클릭.
- 이전에 CFX-Solver에서 계산된 결과 파일(학장자 res)을 찾아 선택.
- 결과를 불러오게 되면 [그림 2.2]와 같이 우측에 Wireframe의 형태로 유동의 외각을

구성하는 구조가 나타난다.

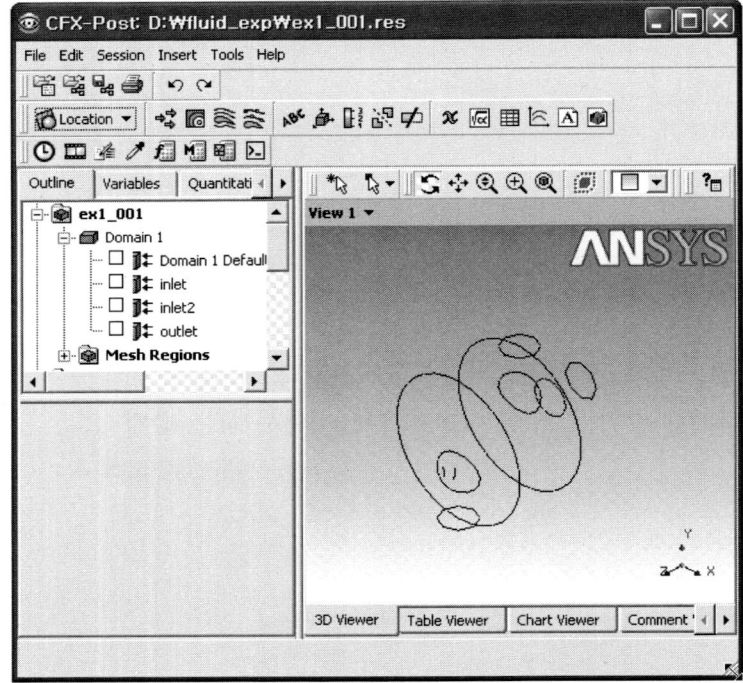

[그림 2.2] 결과 Load시 첫 화면

2.2 Point 생성방법

- 유선을 그리기 위하여 먼저 한 점을 만들어야 한다. [그림 2.3]의 왼쪽과 같이 상단의 Create point 아이콘을 선택한다.
- 이어서 나타나는 Name Plane의 'Point 1'의 이름을 그대로 두기 위해 OK하면 좌측 하단에 Point 1을 만들기 위한 편집창이 뜬다.
- 한 점을 만들기 위한 방법에는 네 가지가 있는데 default의 방법은 위 그림과 같이 x, y, z의 좌표 값으로 정하는 방법이다.
- default인 원점의 좌표를 그대로 두고 아래의 Apply 버튼을 클릭하면 viewer 화면에 노란색의 점이 원점에 만들어진 것을 확인할 수 있다.

- 만약 이 점을 다른 것으로 이동하고 싶으면 상단의 Picking Mode 메뉴를 선택하고 커서를 그 점에 가져가서 누르면 짱구모양이 순간적으로 나타난다. 그러면 이 상태에서 드래그 하여 원하는 지점에 갖다 놓으면 된다.(이때 Picking Timing이 중요하다.)

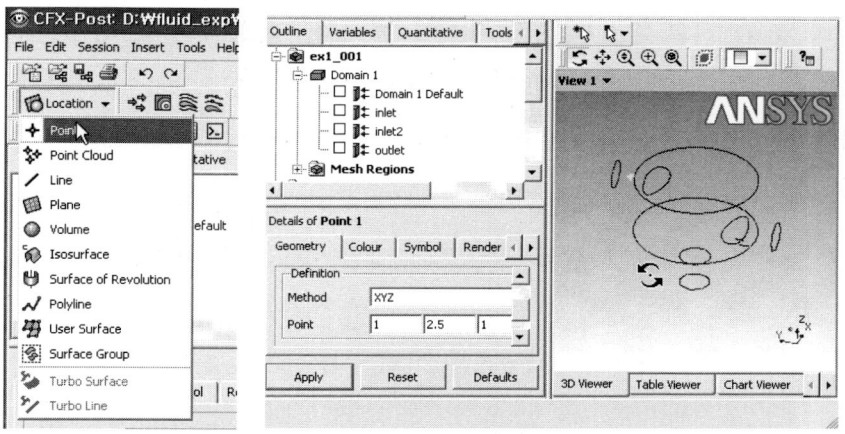

[그림 2.3] Point 생성 방법

2.3 Streamline 생성방법

- 생성된 점을 통과하는 유선을 만들기 위해 [그림 2.4]와 같이 상단의 Create streamline 아이콘을 클릭한다.

[그림 2.4] 유선 생성시 아이콘 클릭 방법

- 이어서 나타나는 좌측 하단의 편집 창에서 Geometry의 Start From을 Point 1로 선택하고, Direction은 Forward and Backward로 선택한다. 그리고 Geometry 오른 쪽의 Colour 항목에서는 Mode를 'Variable'로 Variable을 'Velocity"로 선택한다. 그러면 [그림 2.5]와 같이 유선에 나타난 색은 속도의 크기를 가리킨다.

- 그런 뒤 하단의 Apply 버튼을 클릭하면 주어진 점을 통과하는 유선이 칼라 형태로 그려진다. 상단의 Viewing Mode를 클릭한 뒤 도형을 이리저리 굴려보면 3차원적으로 유선이 어떠한 모양인가를 짐작할 수 있다.
- 다시 상단의 Picking Mode 아이콘을 선택하고 유선이 통과하는 노란 점을 찍어(역시 timing이 중요) 다른 곳으로 옮겨 놓으면 그 점을 통과하는 유선이 새로이 그려진다. 이 그림은 우측의 찬 물이 들어와서 시계방향(위에서 보았을 때)으로 돌다가 일시 더워진 뒤 다시 냉각되면서 출구로 빠져나가는 모습을 보여주고 있다.
- 유선은 위와 같이 한 점에서 출발한 하나의 곡선 형태로 그릴 수도 있고, 여러 개의 점에서 동시에 출발한 다발의 형태로도 그릴 수도 있다. 이를 위해 다시 상단의 Create streamline 아이콘을 선택하고 OK 하여 이름을 그대로 둔다. 다음, 좌측 하단 편집 창의 Geometry에서 Start From을 이제는 Boundary 1로 설정한다.

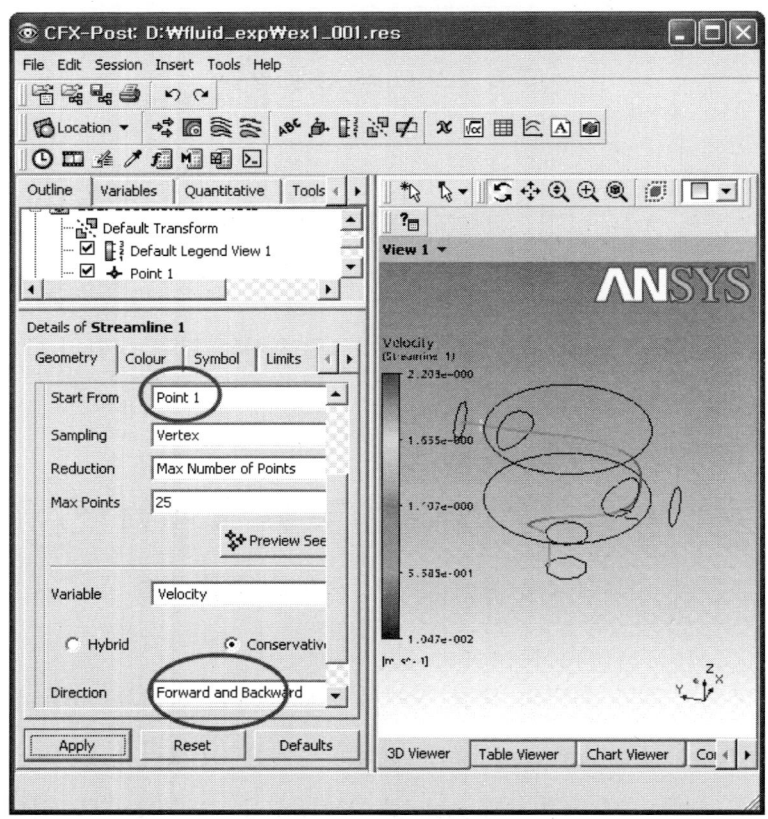

[그림 2.5] 유선 생성시 설정방법과 결과 창

- 그리고 그 아래의 Direction은 Forward 또는 Forward and Backward로 선택한다. 다음, Geometry의 우측에 있는 Colour 항목에서는 이전처럼 Mode를 'Variable'로, Variable을 'Total Temperature'로 선택한다.
- 그런 뒤 아래쪽의 Apply 버튼을 클릭하면 아래 그림과 같이 'in1'의 유입면을 출발한 유선의 다발 모양을 확인할 수 있다. 이 유선의 모양을 좌우로 회전시켜 보면 출구 관 바로 윗부분이 비어 있는 모습을 확인할 수 있으며, 이는 바로 앞에서 예측한 것이 타당하다는 것을 의미한다.

2.4 Plane 생성 및 Contour 그리는 방법

- 그 전에 좌측 상단의 Tree 구조에서 User Locations and Plots 아래에 있는 Point 1, Streamline 1등 앞에 있는 모든 체크 표시가 사라지도록 한다. (그러면 지금까지 Viewer에서 그린 유선과 점들이 보이지 않게 된다.)
- 다음으로 하나의 평면을 설정하고 그 평면상에 나타난 압력의 분포를 확인해 보자. 이를 위해서는 [그림 2.6]과 같이 우선 한 면을 생성해야 한다.

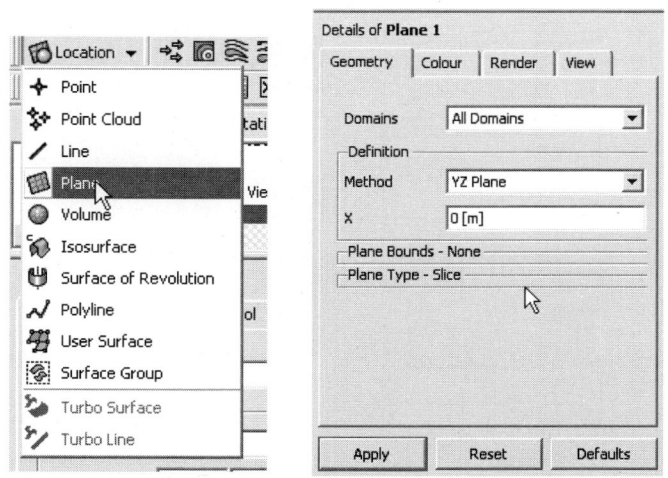

[그림 2.6] Plane 생성방법

- 다음, 상단의 Create plane 아이콘을 선택한다. Plane 1의 이름을 그대로 두고 OK를 누른다.
- [그림 2.7]과 같이 좌측 하단의 편집 창에 나타난 Plane 1의 정보들을 그대로 두고 Apply에 클릭하면 우측의 Viewer 화면에 원통의 중심축을 통과하는 수직면이 생성된 것을 확인할 수 있다.
- 압력분포를 그리는 방법에는 두 가지가 있다. 하나는 방금 만든 Plane 1의 편집창의 내용을 수정하여 그리는 방법이고, 다른 하나는 Create Contour Plot이라는 아이콘을 클릭하여 Plane 1에 그리도록 하는 방법인데, [그림 2.7]는 전자의 방법을 적용한다.
- 현재 나타난 Plane 1의 편집 창에서 Colour의 Mode를 Variable로 바꾼다. 그러면 창의 형태가 달라지면서, 어떤 변수를 대상으로 할 것인지를 Variable을 통해서 설정하도록 한다. default가 압력이므로 그대로 두고 Apply 누른다.
- 이렇게 하여 나타낸 압력분포는 [그림 2.7]과 같다. 실린더 내는 압력이 높고 아래의 출구 관에는 낮게 압력이 형성되어 있다. 이는, 실린더 부분에서의 유속은 작고 출구 관 내의 유속은 크기 때문에 베르누이 정리에 의해서도 이해할 수 있다.

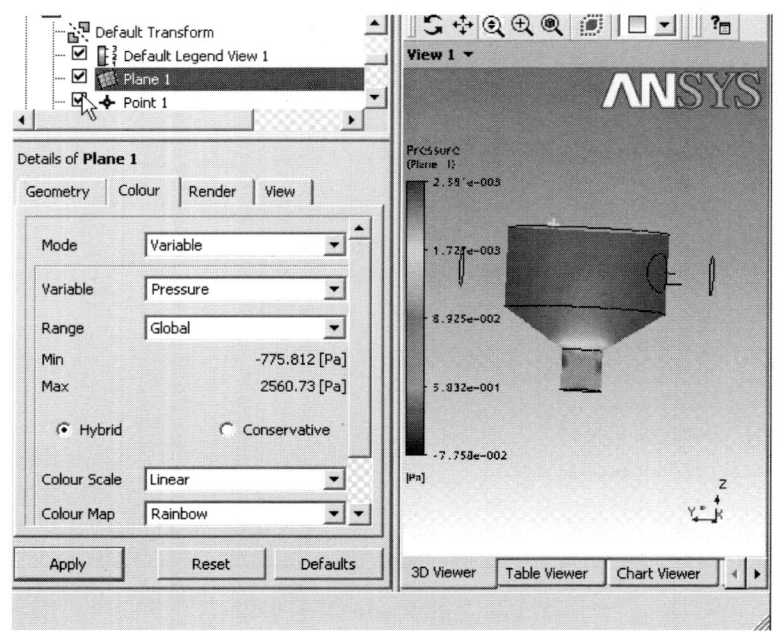

[그림 2.7] Contour 그리는 방법

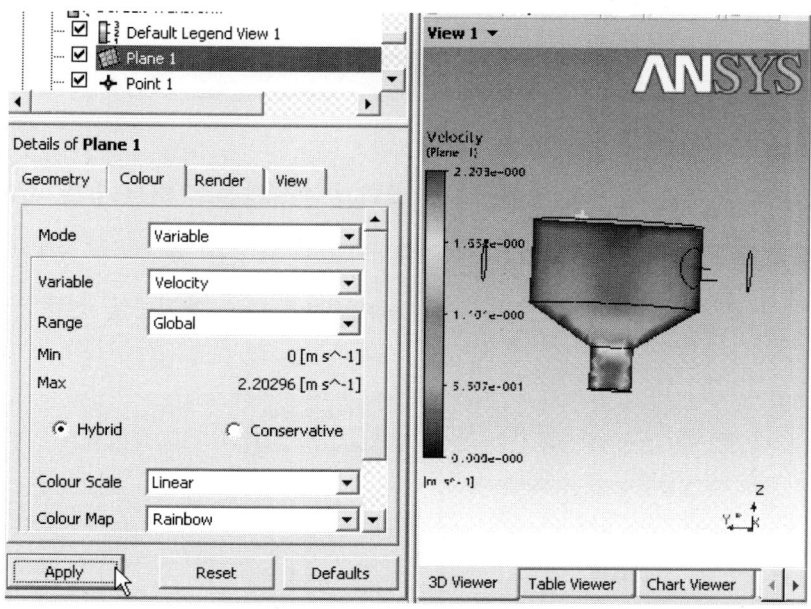

[그림 2.8] Contour 그리는 방법1

- 한편, 속력의 크기분포를 알기 위해서 Plane 1의 편집 창에서 Variable을 Velocity로 변경하고 Apply하면 [그림 2.8]과 같은 분포를 확인할 수 있다.
- 실린더보다 아래쪽의 출구 관 내 속력이 더 큰 것을 확실히 보여주고 있다. 그리고 실린더 내에서도 가장자리에의 속도가 안쪽 속도보다 더 크다는 것을 볼 수 있다.
- 특이한 것은 출구 관 바로 윗부분의 저속 부분의 영역이 유선의 분포를 통해 확인했던 정체영역과 거의 일치한다는 사실이다.
- 이런 식으로 하여 온도나 다른 물리량의 분포도 얼마든지 확인할 수 있다. 온도 분포를 보기 위해서 이제는 mixer 축에 수직인 단면을 만들어 보자. 일단 상단의 Create plane 아이콘을 클릭하고 이어서 나타나는 Plane 2의 이름을 그대로 두고 OK 한다.

2.5 Vector 생성방법

- 속도 벡터의 분포를 확인해 보자. 속도 벡터는 유체흐름의 빠르기(즉 속력)뿐만 아니라 흐름의 방향까지 알 수 있다는 점에서 그 중요성을 찾을 수 있다. 일단 [그림 2.9]의 상부 왼쪽의 그림처럼 상단의 Create Vector Plot 아이콘을 선택한다.

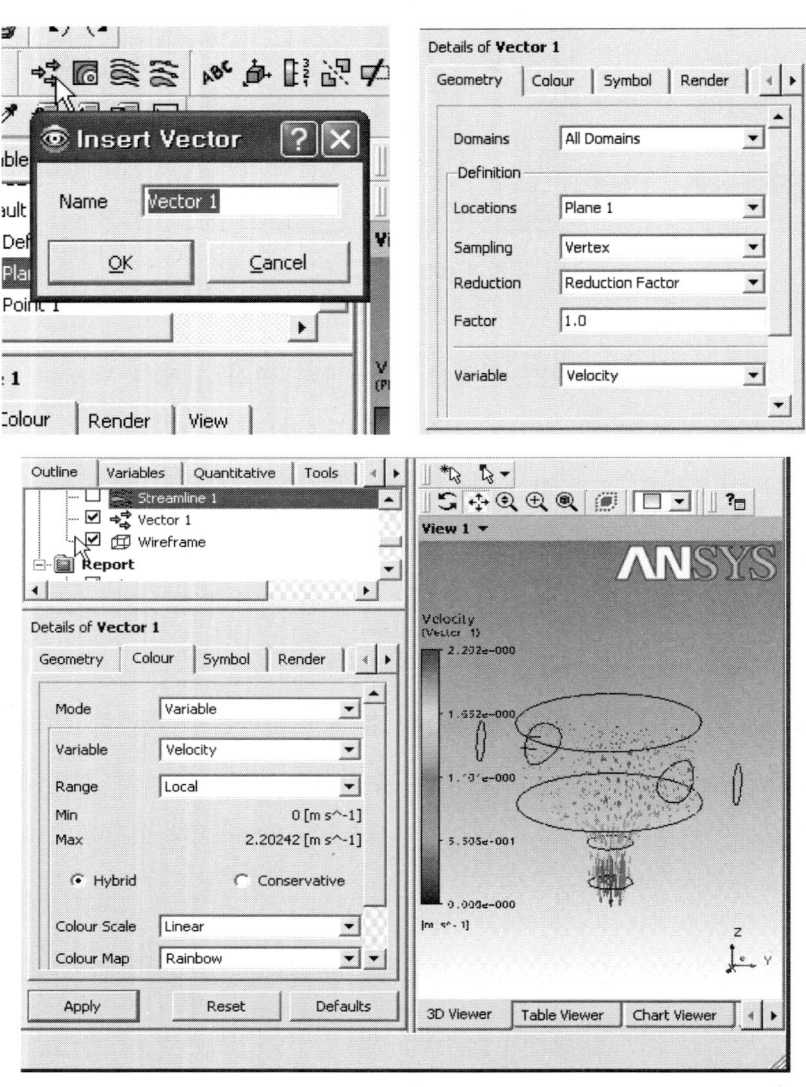

[그림 2.9] 속도벡터 그리는 방법과 결과 창

- 이어서 좌측 편집창의 Geometry에서 Definition의 Location을 Plane 1로 선택한다. 다음 Geometry 우측의 Colour에서 Range를 Local로 변경한다. (그러면 해당 단면에서의 최대 속도가 붉은 색으로 최저 속도가 청색으로 표시된다.)
- 그런 뒤 하단의 Apply를 클릭하면 Plane 1에서의 속도 벡터 분포가 칼라 형태로 나타난다. 벡터를 나타내는 화살표가 약간 짧다고 생각되면 Colour 우측에 있는 Symbol을 클릭한 뒤 Symbol size를 증가시킨다.
- 다음, tree 구조의 Wireframe 앞에 있는 체크 표시를 없애버리면 아래와 같은 벡터 모양이 얻어진다.
- 단, 위 그림은 아래에서 보는 바와 같이 상단의 Isometric View 아이콘 중에서 View Towards+X를 선택함으로써 단면에 정확히 수직인 방향으로 본 모습이다.

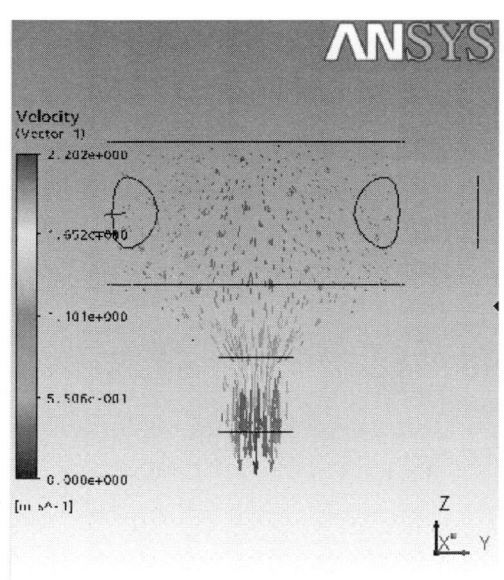

[그림 2.10] View Towards+X로 보았을 때의 창

지금까지 설명한 것은 ANSYS-CFX11을 사용하는데 있어 아주 간단하고 기본적인 내용들임을 주지해야한다. 중요한 것은 얼마나 많이 반복적으로 사용하느냐에 따라 사용의 편의성 및 해의 정확성 등이 주어질 것이다.

Ⅲ. 유체역학 기초이론

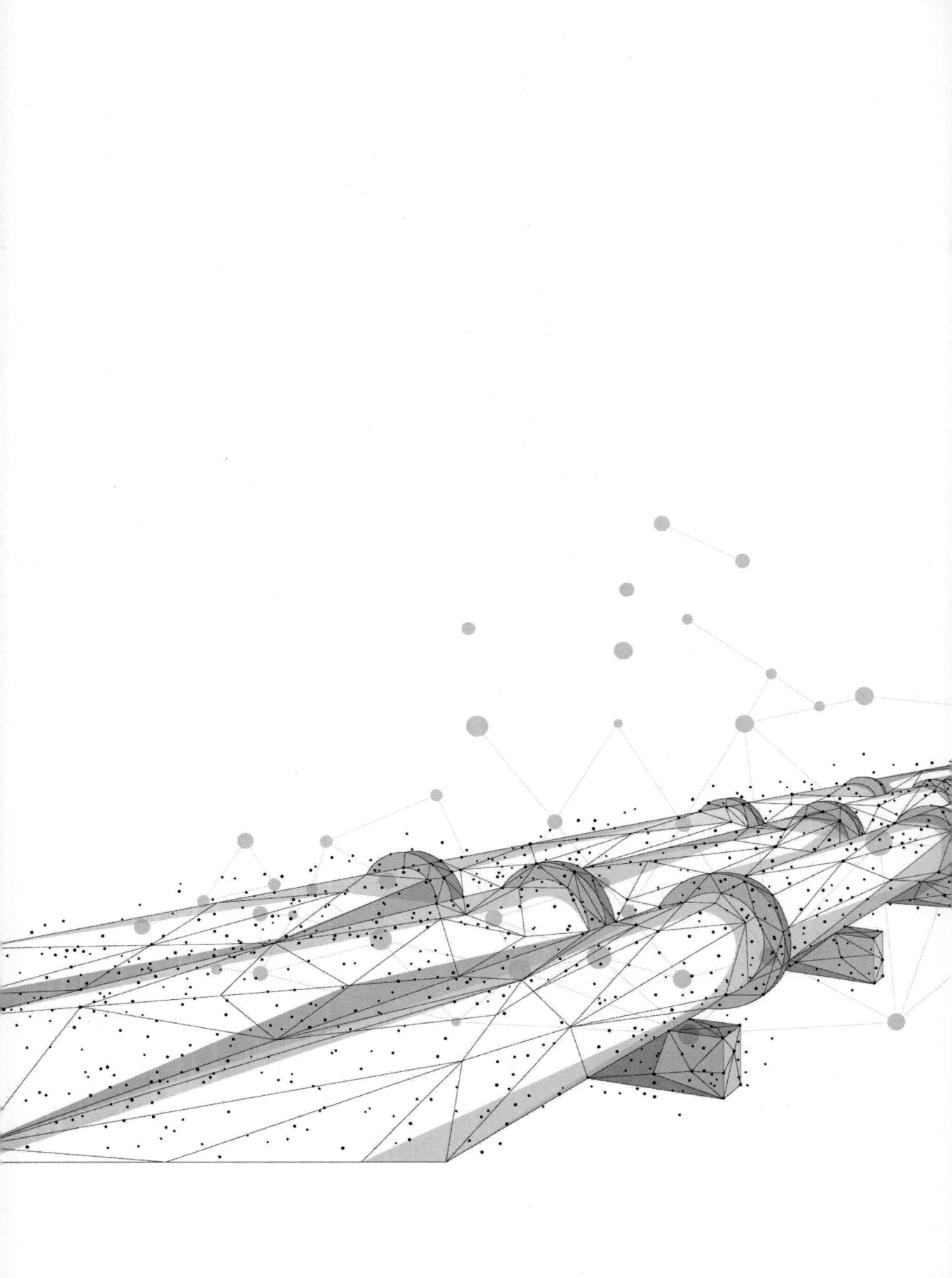

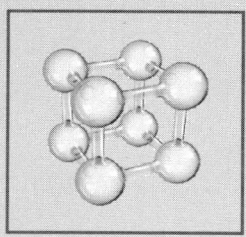

제1장 유체의 성질

1.1 비중 및 밀도

유체는 임의의 전단력이 작용할 때 연속적으로 움직이려는 물체이므로 먼저 밀도에 대한 정의를 하여야 한다. 밀도는 단위체적당 질량이며 SI단위인 MKS로 표현하면 $[kg/m^3]$이다.

물의 밀도는 4℃에서 $1,000[kg/m^3]$가 되며, 우리가 많이 구입하는 $500m\ell$ 물병은 $0.5[kg]$가 된다.[12] 예를 들어 0℃의 얼음이 물위에 뜨게 되는데 이는 얼음의 밀도($916.8[kg/m^3]$)가 물의 밀도보다 적다는 것을 의미한다. 얼음이 녹으면 물과 같아져 수위를 유지하게 된다.[13]

대기압, 상온일 때 공기의 밀도는 $1.25[kg/m^3]$이다.[14] 상온인 대기에서 우리는 공기의 무게를 느끼지 못한다.

이러한 밀도는 공간상의 위치와 온도에 따라 변화하게 된다. 여기서 해석할 유체유동은 항상 대기압에 상온에서 해석하라는 법이 없기 때문에 반드시 이 밀도의 변화 값을 고려해주어야 한다.

■ 비압축성유체와 압축성유체

물과 같은 액체는 대부분 큰 온도나 압력차 외에는 밀도 값이 변화하지 않는 특성을 가진다. 즉, 체적탄성계수가 크기($K=2.1\times10^3 MPa$)때문이다. 따라서 식 (1.1.1)과 같이 물과 기름과 같이 밀도가 변화지 않는 유체를 비압축성유체이라고 한다. 그러나 공기와 같이 밀도가 액체보다 쉽게 변화는 식 (1.1.2)와 같이 기체는 압축성유체이라고 한다. 만약 압축성유체라고 가정하면, 밀도는 이상기체 상태방정식으로부터 주어진 압력과 온

---

[12] 실제로 우리가 실생활에서 느끼는 $0.5[kg]$이 단순질량인지 무게이지 파악해야 한다.
[13] 이 개념은 기사시험이나 공무원시험문제에서 많이 나오므로 헷갈리지 말아야 한다.
[14] 대기압과 상온 시에 물과 공기의 밀도 값과 점성계수 값은 반드시 암기해야 한다.`

도에 따라 계산을 해주어야 한다.

$$\rho = const. \tag{1.1.1}$$

$$\rho \neq const. \tag{1.1.2}$$

■ 비체적

밀도가 변화는 것은 주어진 환경에서 질량이 변하는 것이 아니다. 분자세계에서 보았을 때 입자가 골고루 분포되어 있는 양이 변하는 것이 아니라, 그 양을 담고 있는 체적이 주어진 압력에 따라 변화는 것이다. 즉 비체적이 변한다는 것을 의미한다. 비체적은 밀도의 역수이고 단위질량당 체적을 의미한다.

■ 비중과 비중량

주변에 볼 수 있는 유체는 아주 다양하다. 이러한 유체들의 무게를 비교하기 위하여 사용하는 것이 비중이다. 비중은 물을 기준으로 무게를 비교할 때 사용한다. 4℃에서 물의 밀도는 CGS단위계로 $1[g/cm^3]$이 되고, 따라서 물의 비중은 보통 단위를 생략하여 1의 값만 사용한다. 이 값은 단위가 없기 때문에 보통 유체의 상대적인 크기를 나타낸다. 즉 비중은 물과 비교를 하기 때문에 배의 단위를 갖는다. 즉 '물보다 몇 배 무겁다.' 또는 '물보다 몇 배 가볍다.'라고 사용된다.

예를 들어 바닷물과 기름의 비중은 각각 1.02와 0.8정도 된다. 예를 들어 향유고래의 경우 머릿속에 뇌유라는 기름이 있어 수심변화에 따라 기름이 비중이 변화되므로 수심을 파악하게 된다.[15]

또한 유체역학의 방정식을 정리하다보면 비중량을 많이 사용하게 되는데 이는 식 (1.1.3)과 같이 유체의 밀도에 중력가속도를 곱한 개념이다. 비중량의 개념은 수식을 간략하게 쓰기 위한 것이며 감마라는 그리스 문자를 사용한다.

$$\gamma = \rho g \tag{1.1.3}$$

---

[15] 이러한 개념은 수위계를 개발할 때 사용해도 되는 아이디어 중 하나이다.

물의 비중량은 SI단위로 표현을 하면 $9,800\,[N/m^3]$, 중력단위계로 표현하면 $1,000$ $[kg_f/m^3]$이며, 영국단위계로 표현하면 $62.4\,[lb/ft^3]$이 된다. 여기서 중력단위계는 중력가속도를 포함하고 있어 중력을 포함하는, 실제적으로 무게의 개념으로 현장에서 많이 사용하는 단위계이다. 이는 중력압력계를 사용하는 현장에서 많이 사용되고 있고, 기사시험문제에서 많이 나오므로 혼동되면 안 된다. 단위나 문제에서 Force라는 개념인 f가 있는지 확인해야 한다. 보통 f를 안 쓰는 중력단위계가 있기 때문이다.

1.2 점성계수

■ 전단력과 점성

유체역학에서 관심 있는 힘은 연속체에 작용하는 힘인 표면력과 체적력이다. 여기서 표면력은 표면에 수직으로 작용하는 수직력과 표면을 잡아당기는 전단력으로 존재하게 되고, 각각 이를 수직응력과 전단응력이라 한다. 이중 전단력은 [그림 1.2.1]과 같이 상부면에서 전단력(τ_{yx})이 주어진다면 내부내 변형을 발생시키는 힘이라는 뜻이다.

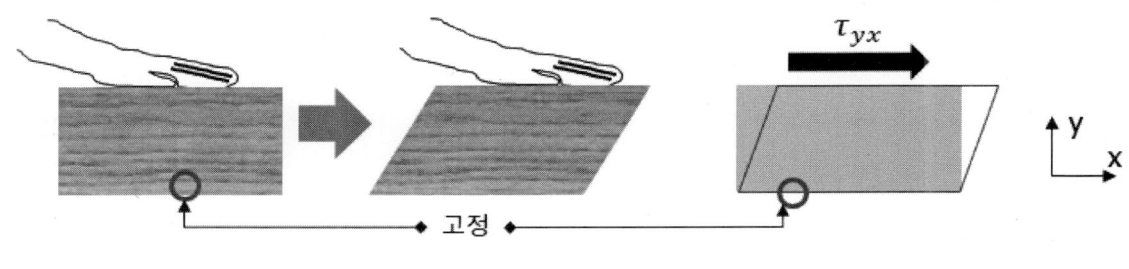

[그림 1.2.1] 전단력의 정의

[그림 1.2.2]와 같이 수면 위에 있는 판재를 밀면, 밑판이 고정이 되어 있기 때문에 식 (1.2.1)과 같은 속도구배(기울기)가 발생하게 된다. 이때 $u(y)$는 주어진 전단력에 의하여 발생한 유체의 속도형상이다. 만약 dy가 매우 작다면 속도형상은 [그림 1.2.2](a)에서 보이듯이 속도구배가 직선형태를 나타나며, 이를 Couette(꾸트) 유동이라고 한다. 이런 꾸

트 유동은 베어링과 같은 간극이 적은 윤활문제에 많이 적용된다. 만약 dy가 적지 않다면 [그림 1.2.2](b)와 같이 점성의 영향으로 층과 층 사이에 다른 유속이 형성되므로 속도구배가 직선이 아니라 포물선 형태로 주어진다.

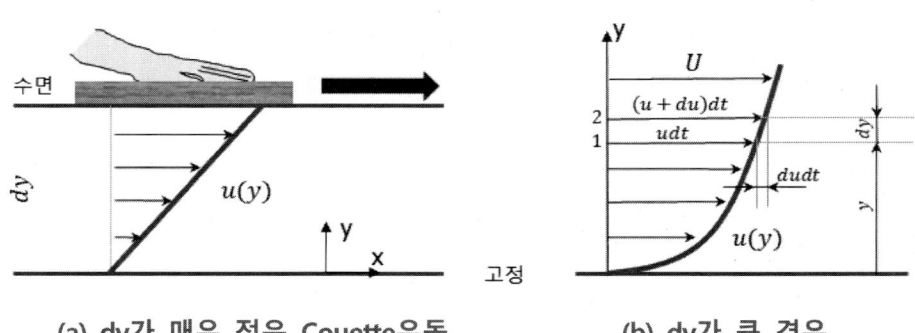

(a) dy가 매우 적은 Couette유동   (b) dy가 큰 경우
[그림 1.2.2] 수면을 이동하는 수면아래 물의 유속분포

속도구배가 직선이던 포물선이던 상관없이 상부의 전단력에 의하여 발생하므로, 속도구배 기울기는 식 (1.2.2)와 같이 전단력에 비례하게 되고 이 비례상수를 식 (1.2.3)과 같이 절대점성계수라고 한다. 절대점성계수는 그리스 문자로 μ를 사용하고, '뮤'라고 읽는다.

$$\text{속도구배} = \frac{du}{dy} \tag{1.2.1}$$

$$\tau \propto \frac{du}{dy} \tag{1.2.2}$$

$$\tau = \mu \frac{du}{dy} \tag{1.2.3}$$

식 (1.2.1)의 <u>속도구배를 변형률 또는 전단율</u>이라고 하며, 식 (1.2.3)을 '뉴턴의 점성법칙'이라 한다. 이 방정식은 매우 중요한 방정식이다. 지금은 1차원만 고려하였지만, 식 (1.2.3)의 τ를 xy단면에 작용한다고 했을 때 τ_{yx}가 되고, 이는 식 (1.2.4)와 같이 '각변형률'로 유도된다.

$$\tau_{xy} = \mu \dot{\gamma}_{xy} = \mu\left(\frac{\partial v}{\partial x} + \frac{\partial u}{\partial y}\right) \tag{1.2.4}$$

결론적으로 전단력과 전단율의 관계는 1차원이던 2차원이던 상관없이 일정함을 알 수 있다. 즉, [그림 1.2.3](a)에서 보듯이 전단력이 증가되면 전단률은 비례적으로 커지고, 감소되면 비례적으로 감소되는데, 이런 경향을 갖는 유체를 선형유체라고 하고 뉴턴유체라 한다. (b)을 보면 점성계수의 값은 일정함을 알 수 있고 μ를 비례상수라 한다. 이런 유체에는 물, 공기, 오일 등이 있다.

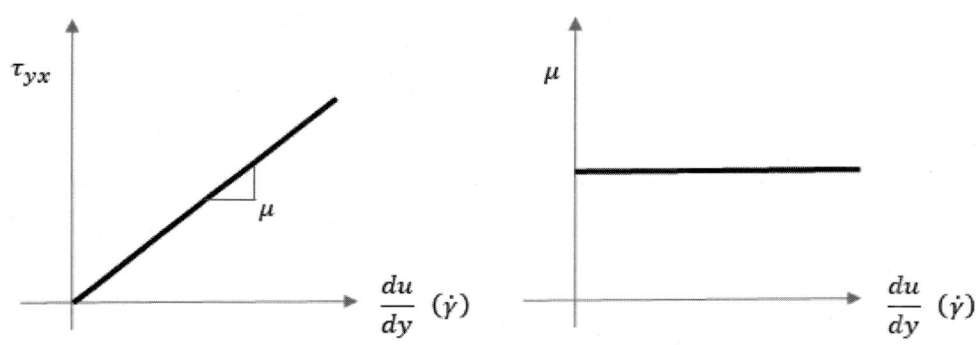

(a) 전단력과 전단율의 관계　　　(b) 점성계수와 전단율의 관계
[그림 1.2.3] 뉴턴의 점성법칙에서 전단력과 전단율의 관계 및 점성계수와 전단율의 관계

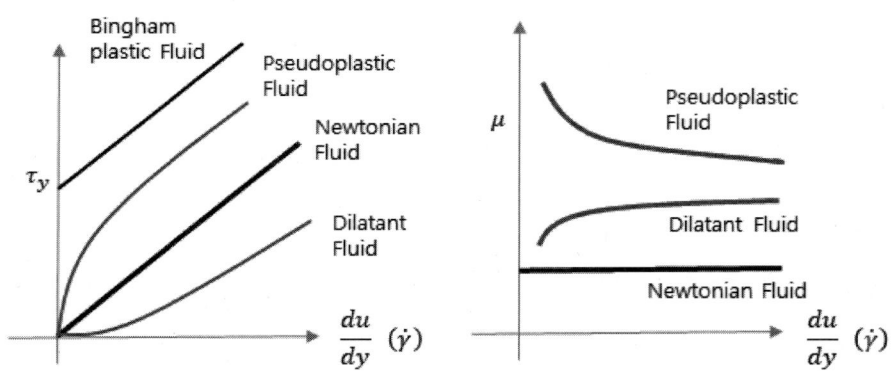

(a) 전단력과 전단율의 관계　　　(b) 점성계수와 전단율의 관계
[그림 1.2.4] 비뉴턴유체의 전단력과 전단율의 관계 및 점성계수와 전단율의 관계

반면에 점성계수가 선형적이지 않은 유체를 비정상유체 즉 비뉴턴유체라고 한다.

이러한 유체는 [그림 1.2.4]에서 보이듯이 여러 가지가 있는데, 치약과 같은 빙햄플라스틱 유체, 녹말 물과 같은 딜라이언트 유체, 혈액과 같은 의가소성유체가 대표적이다. 이러한 유체는 뉴턴유체보다 훨씬 많다. 대부분의 유체는 혼합액으로 존재하게 되는데 그러므로 대부분의 유체를 비뉴턴유체라고 보아도 무방하다.

의가소성유체의 점성계수는 [그림 1.2.4]에서 보듯이 전단율이 증가함에 따라 유체의 화학적 구성구조가 깨지면서 점성계수가 떨어지는 특성을 나타낸다. 이에 이런 유체를 전단박하유체라고 한다. 반면에 딜라이언트 유체는 반대로 전단율이 증가함에 따라 내부구성물이 강하게 응집하는 경향이 있어 점성계수가 증가한다. 이런 유체를 전단농화유체라고 한다. 빙햄플라스틱 유체는 전단력이 작용해도 움직이지 않아가 임의의 힘(항복응력)이상 작용하면 뉴턴유체처럼 작용한다. 이러한 유체는 튜브에 넣고 쓰는 화장품이나 음식물에서 볼 수 있다. 비뉴턴유체의 점성계수를 나타내는 수식은 많이 있으나. 식 (1.2.4)와 같은 대표적인 멱법칙을 사용하여 표현을 한다. 식 (1.2.5)는 의가소성 유체의 대표적인 혈액의 구성방정식이다. 이 방정식은 Carreau 모델을 이용하여 나타낸 것이다. 자세한 것은 대학원과정에서 공부할 수 있다.

$$\tau = k\left(\frac{du}{dy}\right)^n \tag{1.2.4}$$

$$\mu_{blood} = \mu_\infty + (\mu_o - \mu_\infty)\left[1 + \lambda^2 \dot{\gamma}^2\right]^{\left(\frac{q-1}{2}\right)} \tag{1.2.5}$$

$\mu_0 = 0.056\,[Pa{\cdot}s]$, $\mu_\infty = 0.00345\,[Pa{\cdot}s]$. $\lambda = 3.31s$, $q = 0.357$

■ 점성

[그림 1.2.1]과 식 (1.2.3)과 같은 뉴턴의 점성법칙에서 전단력, τ는 유체가 운동하고 있을 때 표면의 측면에 작용한다. 즉, 유체에 전단력이 가해지거나 또는 유체가 운동을 했다면 전단력은 **유체의 점성 때문에 발생**하게 되고 그 크기가 결정되게 된다. 점성은 유체입자사이에 전단력에 의한 상대운동이 일어날 때 이 상대운동을 방해하려는 성질이라고 정의할 수 있다. 이런 점성에 의한 힘을 점성력이라고 하고 계속 움직이려고 하는 힘은 관성력이다. **점성력과 관성력의 비**를 식 (1.2.6)과 같은 레이놀즈 수라 하고, [그림

1.2.5]와 [그림 1.2.6]과 같이 유동장에서 Re수는 **층류와 난류를 구분하는 중요한 무차원 수**이다.

$$Re = \frac{\rho D V}{\mu} \tag{1.2.6}$$

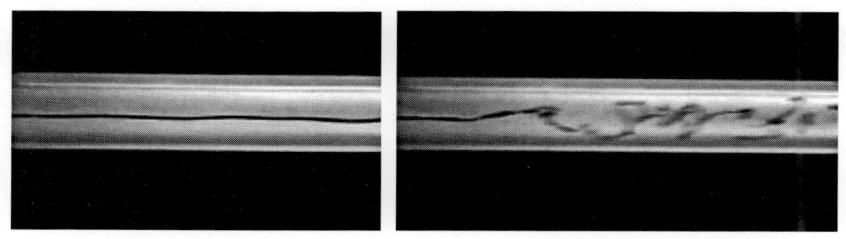

      (a) 층류 유동장   (b) 난류 유동장
[그림 1.2.5] 레이놀즈 수에 따른 관내 유동분포 (염료분사방법)

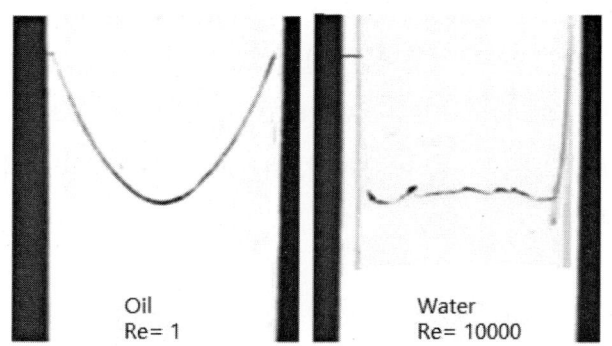

  (a) Re=1의 Oil 유동 (층류)   (b) Re=10000의 물 유동
[그림 1.2.6] 레이놀즈 수에 따른 반경방향 속도분포 (수소기포 가시화장치)

[그림 1.2.5]는 관내 유동에서 속도를 증가시키면서 층류와 난류를 가시화한 그림이다. 층류는 비교적 점성력이 지배적으로 작용하므로 관내 염료의 상태는 안정화되어있는 것을 볼 수 있지만, 난류의 경우의 관내 염료는 점성력보다 관성력이 지배적으로 작용하므로 입자간의 운동량교환이 많아져 매우 복잡하게 보인다. 동일한 개념으로 층류와 난류일 때 반경방향 분포를 [그림 1.2.6]과 같이 나타냈는데 점성력이 지배적인 오일($Re=1$)의 경우 포물선의 경향을 나타내지만, 관성력이 큰 물의 경우

($Re = 10,000$)는 속도분포가 평탄한 분포를 나타내고 있다.

■ 점성계수의 단위

절대점성계수의 단위는 식 (1.2.7)과 같이 $[Pa \cdot s]$로 유도된다. 이는 SI단위의 MKS로 사용하며 상온에서 물과 공기의 점성계수는 각각 $0.001[Pa \cdot s]$과 $1.81 \times 10^{-5}[Pa \cdot s]$이다. 이 값들은 시험 볼 때 자주 나오는 물성값이므로, 반드시 암기해놓는 것이 좋다.

$$\mu = \frac{\tau}{du/dy} \rightarrow \frac{[Pa]}{\left[\frac{m}{s}\right]/[m]} = [Pa \cdot s] \tag{1.2.7}$$

절대점성계수의 단위를 CGS로 사용하면 $0.01[P] = 1[cP]$이다. 이때 $1[P]$는 $0.01[g/cm \cdot s]$이며, 여기서 1로 표현하기 위하여 1센티$(0.01[m])$를 적용한 결과이다. '포아즈'라는 단위는 사람이름이기 때문에 대문자 P로 사용하여야 한다.

절대점성계수와 같이 많이 사용되는 단위는 식 (1.2.8)과 같이 동점성계수가 있다. 동점성계수의 물리적 의미는 밀도는 포함하고 있어 약간 동적인 개념을 사용하게 된다. 동점성계수는 그리스문자 ν를 사용하며, '누'라고 읽으며, 비체적의 단위와 같이 사용하는 기호이므로 혼동해서 안 된다.

$$\nu = \frac{\mu}{\rho} \tag{1.2.8}$$

$$\nu = \frac{\mu}{\rho} \rightarrow \frac{[Pa \cdot s]}{[kg]/[m^3]} = [m^2/s] \tag{1.2.9}$$

동점성계수의 단위는 식 (1.2.9)와 같이 $[m^2/s]$이다. 이는 SI단위의 MKS이며, CGS로 나타내면 $0.01 Stoke (1cm^2/s)$단위를 사용할 수 있다. 마찬가지로 $c[0.01m]$를 붙여 $1cS$로 간단히 나타낼 수 있다. 자세한 것은 부록을 참조하자.

1.3 압력

 댐이나 물속에 잠긴 물체에는 과연 어떠한 힘이 작용될까? [그림 1.3.1](a)와 같이 댐 설계시 작용하는 수압에 대한 댐의 안전한 두께(설계 1 또는 설계 2)는 얼마가 되는지, (b)와 같이 물속에 잠긴 물체에 어떤 힘이 작용하는지, 물에 얼마만큼 부유할까? 이 2개의 그림을 자세히 보면 유체의 움직임이 없다고 가정하였다. 사실 이런 문제에서는 유체유동이 없지는 않지만, 이웃하고 있는 유체 층사이에 상대적인 운동이 없다고 가정했기 때문에 [그림 1.3.1]과 같은 자유물체도에서 식 (1.3.1)과 같이 해석할 수 있다. 이러한 해석을 유체역학에서 **유체정역학**이라고 한다.

$$\sum F = 0 \tag{1.3.1}$$

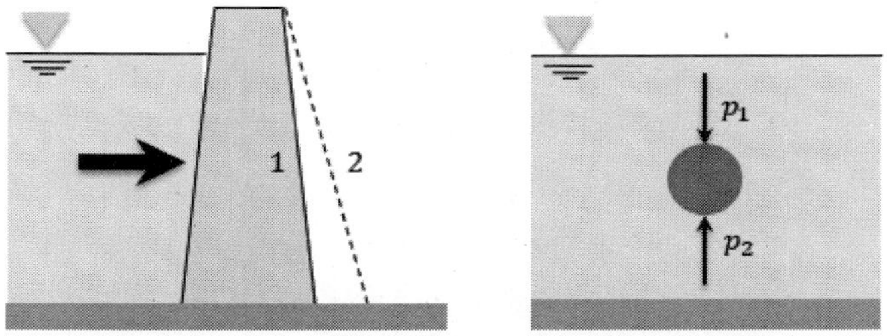

(a) 설계 1과 설계 2　　(b) 부력의 개념
[그림 1.3.1] 유체 정역학에서 다루어질 대표적인 유동장

$$p = \frac{F}{A} \ [Pa] \tag{1.3.2}$$

 [그림 1.3.1]과 같은 유동장내 있는 물체에 작용하는 물리량을 파스칼은 식 (1.3.2)와 같이 **단위면적당 작용하는 힘인 압력**이라 정의하였다. 이 압력은 방향과 관계없이 일정하게 면에 수직으로 작용한다. 이 식에 따르면 가해지는 힘이 일정할 때는 면적이 1/2배로 줄면 압력은 2배로 증가된다. 이는 유압잭에서 많이 사용하는 **파스칼 법칙 또는 파스칼 원리**라 한다.

[표 1.3.1]는 표준 대기압을 $1atm$이라할 때 각종 단위계에 따라 압력 값을 환산하고 정리를 하였다. 이 표에서는 표준 대기압뿐만 아니라 국소 대기압을 비교하였다. 표준 대기압은 해수면을 기준으로 측정된 압력을 의미하지만, 실제로 압력측정 지역의 고도는 해수면의 높이보다 높기 때문에, 국소 대기압을 사용한다. 즉 우리가 살고 있는 지역 및 기계가 설치된 높이는 각각 다르기 때문이다.

[표 1.3.1] 압력단위 환산

기준	SI단위			영국단위계	중력단위계
표준 대기압 1atm	101,300 $[Pa]$	수은 액주계 760 $[mmHg]$	액주계 10.33 $[mAq]$	14.7 $[psi]$	1.0332 $[kg_f/cm^2]$
국소 대기압	100,000 $[Pa]$	-	-	1 $[bar]$	1.0 $[kg_f/cm^2]$

[그림 1.4.1] 산과 바다에서 압력 1기압이 변할 때의 높이

1.4 정수압력

■ 수압

수압이란 물속에 있는 물체에 작용하는 압력을 말하는 것으로 [그림 1.4.1]와 같이 수면깊이에 비례하여 수압이 증가한다. 수심이 깊어지면 압력은 깊어진 만큼 커지다

는 의미이다. 약 $10\,[m]$의 깊이로 잠수하게 되며 수압은 대기압보다 약 1배 더 증가하게 된다. 이런 현상은 물통(용기) 형태에 상관없이 임의 깊이에서의 유체의 압력은 동일하게 작용하다. 다시 말해 압력은 깊이에 의해 결정되고 체적에는 영향을 받지 않는다. 이것은 작은 풀장에서 $10\,m$ 깊이까지 잠수하는 것이나, 동해바다에서 $10\,m$ 깊이까지 잠수할 때 수압이 동일하다.[16]

반면에 산에 올라갈 때 사람에게 작용하는 대기압은 산을 올라가면 올라 갈수록 작용하는 압력은 적어진다. 산에 올라가서 취사를 할 때 냄비(코펠) 뚜껑이 들썩거려 밥이 설익는 경우를 생각하면 된다. 줄어든 압력을 보상하기 위하여 냄비 뚜껑에 돌을 올려놓게 된다. 다만 대기의 밀도는 고도가 높아지면서 희박해지는 압축성유체이기 때문에 기체상태 방정식에 의하면 온도와 압력이 같이 감소하므로 지상보다 적은 압력을 받게 된다. 만약 [그림 1.4.1]와 같이 $1,000\,[m]$의 고도에서 압력은 얼마나 될까? 공기의 밀도는 물의 밀도보다 상온 기준으로 적으므로 압력의 변화는 수심보다는 그리 심하지 않다. 수압이던 공기압이던 깊이 방향에 따라 압력이 달라짐을 알 수 있다. 정지유체내에서 **한 점에 작용하는 압력은 오직 중력의 방향에 대해서 변화한다는** 것이다. 이렇게 정리된 식 (1.4.1)를 <u>유체정역학의 기본방정식</u>이라 한다.

$$p = \gamma h = \rho g h \tag{1.4.1}$$

수압은 오로지 수심에만 영향을 받는다. 따라서 [그림 1.4.2]에서 보듯이 수심이 같을 때 그 형태와 상관없이 밑변에 작용하는 압력은 모두 같다.

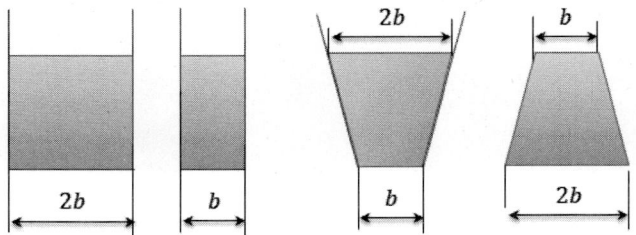

[그림 1.4.2] 4가지 경우가 모두 밑바닥에 작용하는 압력은 동일하다.

---

[16] 사실 물과 바닷물의 밀도가 다르기 때문에 같은 깊이라도 수압은 약간 차이가 있다.

■ 정수압력

[그림 1.4.3]은 바다생물을 편하게 관람하기 위하여 제작된 일본 오키나와 츄라우미 수족관의 전경이며 큰 유리벽으로 설치되어 있다. 수압을 버틸 수 있도록 두께 $0.6\,[m]$로 설치되어 있다. [그림 1.4.3]에서 보듯이 물속에 잠긴 물체에는 식 (1.4.2)와 같이 수심에 따라 압력이 작용하고 그 압력은 물의 양에 따라 크기가 달라지기 때문에 적절한 평가가 필요하다.

아크릴 유리나 수문에 작용하는 압력분포는 수심에 따라 달라지고 이에 작용하는 힘은 식 (1.4.2)와 같이 수심 깊이에 따라 작용하는 압력에 면적을 곱한 값으로 표현할 수 있다. **깊이에 따라 압력이 달라지므로 미소면적에 작용하는 미소압력을 적분방법을 통하여 압력**을 구한다. 이를 정수력힘 또는 전압력이라 한다. 여기서 전압력은 힘임에도 불구하고 보통 압력이란 용어를 사용하는 것은 작용하는 **압력의 평균적인 개념**으로 이를 압력으로 혼동해서는 안 된다.

$$F_h = pA = \gamma h A \tag{1.4.2}$$

[그림 1.4.3] 일본 오키나와 츄라우미 수족관 [17]

---

17) 아크릴 유리의 높이, 폭, 두께가 각각 $8.2\,[m]$, $22.5\,[m]$, $60\,[cm]$이다.

■ 물체가 경사지게 잠긴 경우

물체가 [그림 1.4.4](a)와 같이 경사지게 잠긴 경우 곡면판이 잠긴 경우와 같이 수평분력과 수직분력이 작용한다. 만약 [그림 1.4.4](b)와 같이 O점에 힌지를 두고 카운트 밸런스(상응 질량)를 설치하게 되면 수직분력이 상쇄된다. 이렇게 하는 경우는 **경사진 물체에 순수 정수력힘만 고려하기 위함**이고, 정수력힘 실험에서 많이 사용하게 된다.[18] 이 장치는 물이 없을 때 평판무게에 의한 수직분력을 상응질량을 통하여 0으로 세팅하고 시작한다. 따라서 힌지를 설치하면 경사지게 잠긴 물체의 순수 정수력힘을 고려하기 위한 자유물체도는 [그림 1.4.4](b)에서 [그림 1.4.5]와 같이 변경되어야 한다.

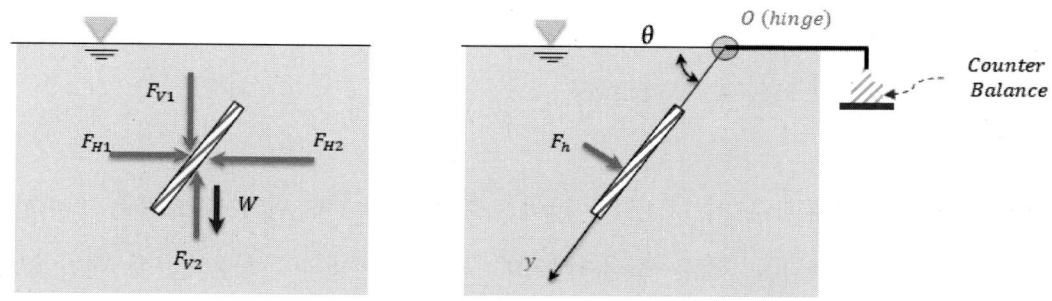

(a) 힌지가 없는 경우 (b) 힌지와 카운트 밸런스에 의해 수직분력을 소거시킨 경우
[그림 1.4.4] 물체가 경사지게 잠긴 경우

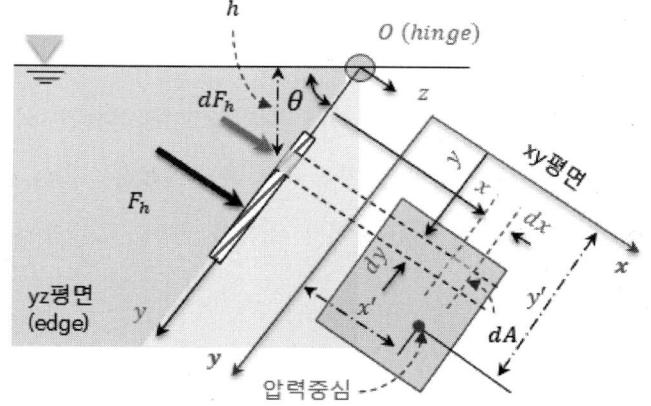

[그림 1.4.5] 수직분력을 제거한 정수력힘을 구하기 위한 자유물체도

---

18) 장치실험에서 확인하자.

[그림 1.4.5]의 자유물체도를 보면 평면이 O점을 기준으로 θ각도로 기울어져 있다. 정수력힘을 구하기 위한 dy만큼의 미소면적 dA을 설정하고 이 면적에 작용하는 미소 정수력힘을 dF_h라 하면 수심방향에 따른 정수력힘을 식 (1.4.3)과 같이 구할 수 있다. 여기서 좌표를 경사진 면을 y축으로 설정하였기 때문에 수심 h는 각도 θ를 고려하여 $y\sin\theta$가 된다. 식 (1.4.3)을 y변화에 따라 적분을 해주면 경사판에 작용하는 정수력힘을 식 (1.4.4)와 같이 정의된다. 식 (1.4.3)과 식 (1.4.4)에서 나타나는 A는 투영면적을 의미한다. [그림 1.4.5]에서 이해를 돕기 위하여 사각형으로 나타나지만 만약 그 형태가 임의의 형상이더라도 투영면적은 사각형이 되기 때문이다.

$$dF_h = pdA = \gamma h dA = \gamma \times y\sin\theta\, dA \tag{1.4.3}$$

$$F_h = \int_A \gamma y \sin\theta\, dA = \gamma y \sin\theta \int_A y\, dA \tag{1.4.4}$$

식 (1.4.4)에서 적분항은 식 (1.4.5)와 같이 x축에 따른 1차 면적모멘트[19]을 의미한다. 식 (1.4.5)에서 $\overline{y}$ 나 y_c는 같은 도심거리이며, 책마다 혼용되어 사용되는데 여기에서는 $\overline{y}$만 사용하기로 한다.

$$\int_A y\, dA = A\overline{y} = Ay_c \tag{1.4.5}$$

식 (1.4.5)의 1차 면적모멘트를 식 (1.4.4)에 대입하고 정리하면 식 (1.4.6)과 같으며, $\overline{y}\sin\theta$는 $\overline{h}$와 같다. 결국 경사진 물체에 작용하는 정수력힘을 식 (1.4.2)와 비교하면 기본적인 정수력힘에 경사진 각도 θ 만큼 차이가 있음을 알 수 있다. 이는 매우 중요한 내용이니 반드시 기억해야 한다.

$$F_h = \gamma \overline{y}\sin\theta\, A = \gamma \overline{h} A \tag{1.4.6}$$

---

[19] 1차 면적 모멘트는 물리 및 고체역학 시간에 공부한 물체의 도심을 구할 때 사용되는 수식이다.

■ 정수력힘이 작용하는 압력중심

[그림 1.4.5]의 xz평면에서 보면 F_h를 적용한 화살표와 xy평면에서 압력중심의 위치를 보면 단면보다 아래에 두었다. 그 이유는 **수심이 내려가면 갈수록 수압이 커지기 때문**이다. 이를 구하기 위하여 힌지점 O점을 기준으로 계산한 모멘트는 식 (1.4.7)과 같이 미소면적에 작용하는 압력을 적분한 것과 같다. 식 (1.4.7)의 적분항을 식 (1.4.8)로 정리하고, 식 (1.4.4)인 F_h를 대입하면 y'를 식 (1.4.9)와 같이 계산할 수 있다.

$$M_o = F_R \times y' = \int_A ypdA \tag{1.4.7}$$

$$F_R \times y' = \int_A y(\gamma h)dA = \int_A y(\gamma y \sin\theta)dA = \int_A \gamma y^2 \sin\theta dA \tag{1.4.8}$$

$$y' = \frac{\int_A \gamma y^2 \sin\theta dA}{\int_A \gamma y \sin\theta dA} = \frac{\int_A y^2 dA}{\int_A y dA} = \frac{I_{XX}}{A\overline{y}} = \frac{I_{xx} + A\overline{y}^2}{A\overline{y}} = \overline{y} + \frac{I_{xx}}{A\overline{y}} \tag{1.4.9}$$

식 (1.4.9)를 보면 분자에 있는 $\int_A y^2 dA$의 개념은 2차 면적모멘트 I_{xx}임을 알 수 있다. 또한 작용된 축이 압력중심 축으로 이동이 되었기 때문에 평행축 이론을 적용한 것임을 알 수 있다.[20] 결론적으로 식 (1.4.9)와 같이 경사된 물체의 작용점은 항상 도심 $\overline{y}$보다 아래에 작용한다는 것을 알 수 있다. 그 크기는 식 (1.4.9)에 표시한 원 만큼 커지게 된다. 동일한 방법으로 x'도 식 (1.410)와 같이 구할 수 있다.

$$x' = \overline{x} + \frac{I_{yy}}{A\overline{x}} \tag{1.4.10}$$

---

[20] 이차관성모멘트와 평행축 이론에 대한 정리는 고체역학에서 공부하기 바란다. 또한 물리적 의미도 알고 있어야 한다.

1.5 부력

■ 부력

선박이나 빙하와 같이 물체가 유체 안에 있다고 가정하자. 이때 물체에 수면 위로 띄우려는 힘이 가해지고, 물체표면에 작용한 유체의 압력이 아래쪽으로 내려갈수록 커지기 때문에 전체적으로 위쪽 방향으로 힘이 작용하고 이 힘을 부력이라 한다.

[그림 1.5.1]과 같이 바다 속에 잠겨있는 체적의 유체 무게가 선박을 띄우는 부력이 된다. 이는 정수력힘에서 다루었던 수직력과 같다. 즉, 식 (1.5.1)과 같이 **유체 속에 잠긴 물체의 부피와 같은 힘**을 부력, p_b이라 하며, 어렸을 적 물놀이하면서 가장 쉽게 접했던 물리량이다. 또한 이 물리량은 아르키메데스가 발견하였다.

$$F_{buoyancy} = F_b = \rho g \forall = \gamma \forall \tag{1.5.1}$$

선박은 갑판까지 물이 잠기지 않고, 보통 [그림 1.5.1]에서 보듯이 선박 하단에 붉은 색까지 물이 잠긴다. 이 붉은 경계를 수선이라 하며, 선박바닥에서 수선까지의 길이를 흘수(吃水)(미국 영어 : draft, 영국 영어 : draught)라 한다. 배의 부력을 구하기 위하여 선박의 흘수까지의 체적을 알면 부력을 쉽게 구할 수 있다.

(a) 170,000 ㎥ 부유식 가스 저장, 재기화 설비   (b) 19,200 TEU 컨테이너 선박
[그림 1.5.1] 바다위에 운행 중인 선박

부력이라는 물리량을 이용하는 장치나 기구는 [그림 1.5.2]에서 볼 수 있듯이 (a)낚시 찌, (b)비중계, (c)부자식 수위계, (d)비행선, (e)공기풍선 등과 같이 우리 주변에 많이 볼 수 있다. [그림 1.5.2] (a), (b), (c)은 물속에 작용하는 부력을 이용한 장치들을 열거한 것이고, (d)와 (e)는 대기 중에 공기 밀도차로 생기는 부력을 이용한 비행선과 공기풍선을 나타내었다. 이러한 5가지 장치 및 기구 외에도 부력을 이용하는 많은 장치들이 있으며, 이런 부력의 원리를 이용하여 새롭게 고안될 장치들도 많을 것이고 여러분들도 만들어 볼 수 있다.

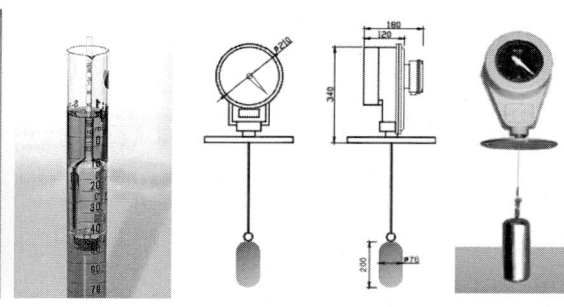

(a) 낚시 찌   (b) 비중계   (c) 부자식 수위 검출계

(d) 비행선 (USS메이콘)   (e) 공기 풍선 (벌룬)

[그림 1.5.2] 부력을 이용하는 장치나 기구

■ 부심과 도심

[그림 1.5.3](a)와 같이 물체가 잠수함처럼 완전히 잠겨있을 때, **부력이 작용하는 점이 물체의 무게중심이 되고 이를 부력중심 또는 부심**이라고 한다. 만약 [그림 1.5.3](b)와 같이 부체가 일부만 잠겨있다면, 잠겨있는 체적과 전체 체적이 달라짐에 따라 부심과 무게중심(도심)은 달라진다.

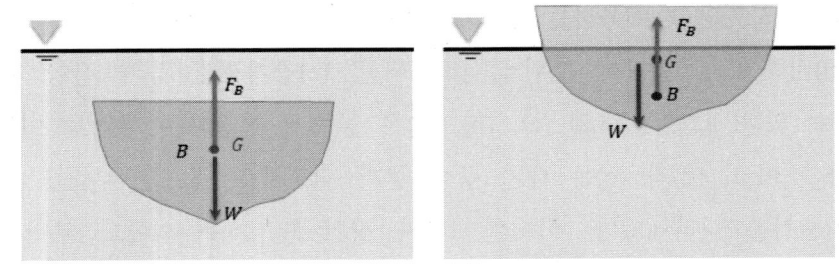

(a) 물체가 완전히 잠겼을 경우   (b) 부분적으로 잠긴 경우

[그림 1.5.3] 물체가 완전히 잠겼을 경우와 부분적으로 잠겨 있을 때의 부심과 도심의 관계

물체가 완전히 잠겨있는 잠수함은 부체의 전복, 즉 안정성에 대하여 생각할 필요가 없다. 선박과 같이 부분적으로 잠겨있는 경우에만 전복여부 즉 안정성을 따져야 한다. 즉 **부체의 안정성을 결정하는 중요한 요소는 부심과 무게중심의 관계**이다. [그림 1.5.1]과 같이 쇠로 제작된 배가 물에 뜰 수 있는 이유는 흘수까지 물에 잠긴 체적과 그 체적의 무게중심의 균형 때문이다.

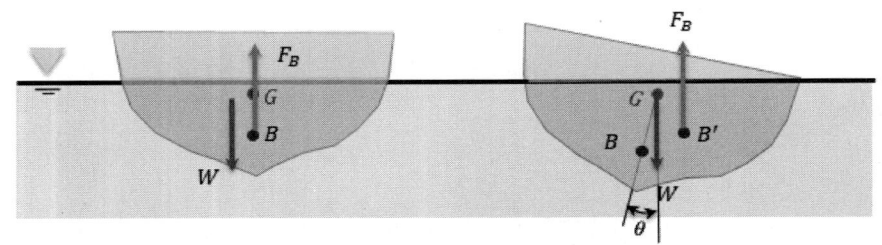

(a) 부체가 흔들리지 않을 경우   (b) 부체가 흔들리는 경우

[그림 1.5.4] 부체가 흔들리는 경우 도심은 바뀌지 않지만 부심이 변경되는 경우

이를 설명하기 위하여 [그림 1.5.4]와 같이 부체가 흔들리는 경우를 살펴보자. 부체가 흔들리면 물체의 도심은 변화하지 않지만, 오른쪽 부피는 증가하고 왼쪽 부피가 감소되므로 부심은 B에서 B'로 변경되고, 도심에서 아래로 작용하는 중력과 변경된 부심에서 상부로 작용되는 부력이 서로 우력을 발생시켜 다시 (a)와 같이 복원되면서 안정하게 된다. 만약 각변위인 θ가 크다면 불안정해 져서 결국 전복하게 된다.

■ 부체의 안정성

[그림 1.5.5]와 같이 원래의 부심(B)과 도심(G)을 연결하는 선과 변경된 부심 (B')을 지나는 연직선이 만나는 점(M)을 경심이라고 하고, 원래의 부심과 경심을 이은 선인 $\overline{MB}$을 경심높이라 한다.

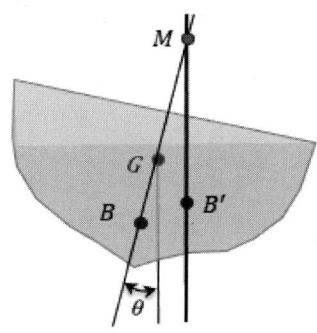

[그림 1.5.5] 부심과 도심, 그리고 경심의 관계

원래 경심높이는 그림 [1.5.5]와 같이 사선이 아니라 그림 [1.5.4](a)와 같이 안정한 경우처럼 수직선이어야 되어야 한다. 만약 경심높이가 0이라고 한다면 부심, 중심 그리고 경심이 모두 동일점이여야만 한다. [그림 1.5.5]와 같이 경사각이 커지면 부체가 불안정해지고 경심의 위치도 변화하게 되고, 이 경심이 어디에 생기는 것에 따라 식 (1.5.2)와 같이 부체의 안정성을 판단하는데 매우 중요한 인자가 된다.

식 (1.5.2)와 같이 경심에서 도심과 원래 부심의 거리인 $\overline{GB}$를 빼주었을 때 양(+)의 값을 가지면 부체는 안정하지만, 이 값이 음(-)의 값을 가지면 경심 M이 중심 G보다 밑에 생기는 경우로 불안정하다.

$$\overline{MG} = \overline{MB} - \overline{GB} > 0 \qquad (1.5.2)$$

만약 [그림 1.5.5]와 같이 기하학적으로 경심높이 $\overline{MB}$를 구하기 어렵다면 식 (1.5.3)과 같이 구할 수 있다. 식 (1.5.3)에서 I와 $\forall$는 부체의 2차 관성모멘트와 체적이다.[21]

---

[21] 최근에는 **3D** 프로그램에서 어렵지 않게 구할 수 있으니 적극 활용해 보자.

$$\overline{MB} = \frac{I}{\forall} \tag{1.5.3}$$

[그림 1.5.5]의 경우는 물에 잠긴 것이지만 [그림 1.5.6]의 경우는 공기 중 장치의 안정성을 다룬 것이다. 최근에 운행 중에 돌풍이나 인원을 많이 승선시키면 무게중심이 변한 경우 공기풍선과 같은 장치도 흔들려 전복사고가 많이 일어나기 때문에 이를 이해하는 것이 중요하다. 공기풍선도 물속과 잠긴 부체의 안정성을 [그림 1.5.6]과 같이 계산할 수 있지만 약간 다르다.

공기에 잠긴 경우는 안정성을 따지는 식 (1.5.2)을 그대로 적용하면 안 된다. [그림 1.5.6]에서 보듯이 $\overline{MB}$가 물에 잠긴 경우보다 짧고, 경심의 길이가 $\overline{MB}$가 아니고 $\overline{MG}$로 변경되어야 한다.

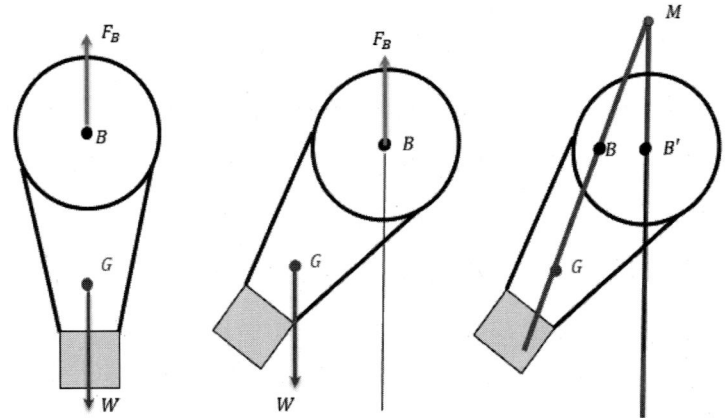

(a)정상   (b) 돌풍이 생겨 흔들릴 때   (c) 변경된 부심과 경심높이
[그림 1.5.6] 공기 중 공기풍선이 흔들릴 때 변경된 부심과 경심높이

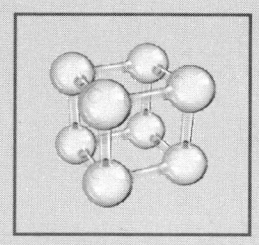

제2장 유동의 성질

2.1 연속방정식

■ 변형되지 않는 검사체적 또는 정상유동, 비압축성유체인 경우

유체가 물과 같은 비압축성유체이고 유선을 따라 흐른다고 가정하자. 비압축성유체는 체적 변화율이 거의 없는, 즉 $\rho = Const$인 경우와 정상유동의 경우는 시간변화에 대하여 물리량의 변화가 없는 경우이므로 식 (2.1.1)과 같이 검사표면에 대한 유출입의 변화량으로 정의할 수 있다.

$$\int_{CS} \vec{V} \cdot d\vec{A} = 0 \tag{2.1.1}$$

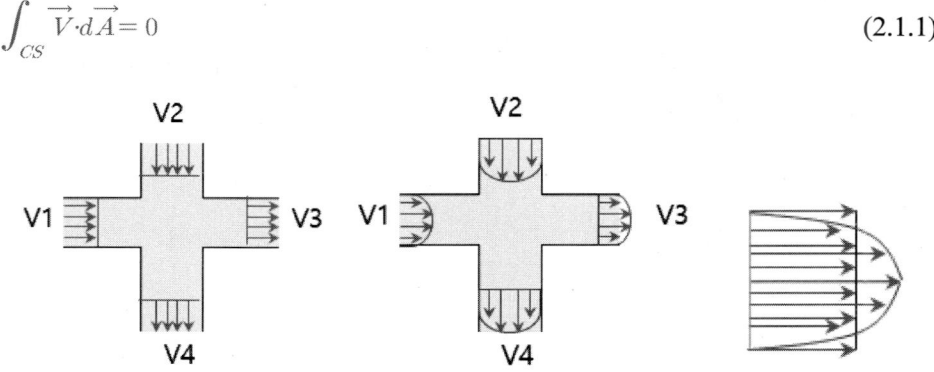

(a) 평균속도 및 균일유동 분포　(b) 순간속도 및 포물선 속도분포　(c) 평균속도와 순시속도와 비교
[그림 2.2.1] 평균속도 vs. 순간속도와 균일유동분포 vs. 포물선 속도분포의 비교

식 (2.1.1)는 [그림 2.1.1]과 같이 검사표면이 4개의 경우 식 (2.1.2)와 같이 4개의 적분 항을 계산해주면 된다.

$$\int_{CS1} \vec{V} \cdot d\vec{A} + \int_{CS2} \vec{V} \cdot d\vec{A} + \int_{CS3} \vec{V} \cdot d\vec{A} + \int_{CS4} \vec{V} \cdot d\vec{A} = 0 \tag{2.1.2}$$

$$V_1A_1 + V_2A_2 + V_3A_3 + V_4A_4 = \sum VA = 0 \qquad (2.1.3)$$

산업현장에서 사용되는 속도분포는 보통 [그림 2.1.1](a)와 같이 균일유동분포로 유입되고, 그때의 속도는 평균속도로 가정하고 문제를 푼다. 적분형 방정식에서는 평균적인 개념을 사용한다는 뜻이다. 즉 [그림 2.1.1](a)의 경우는 단면적(dA)에 따라 속도가 일정하므로 식 (2.1.2)는 식 (2.1.3)과 같이 이산적항의 합 형태로 변화된다.

식 (2.1.2)의 적분표현은 [그림 2.2.1](b)와 같이 속도분포가 변하는 경우나 면적이 일정하지 않을 때 사용된다. [그림 2.2.1(b)의 속도분포를 순시속도라 하고 이는 (c)에서 보는 바와 같이 평균속도와 다르다. 순시속도는 관내유동에서 마찰의 영향으로 인하여 관 중심에서 가장 큰 속도를 나타내고 벽면에서의 속도는 0이므로 포물선 형상의 유동을 나타낸다. 단, 적분형 방정식의 변형량을 계산할 때는 복잡하기 때문에 잘 사용하지 않는다.

식 (2.1.3)의 단위를 살펴보자. 속도(m/s)에 면적(m^2)을 곱한 형태이므로 단위는 $[m^3/s]$가 된다. $[m^3/s]$의 개념은 단위시간당 체적인데, 이를 유동의 체적변화율 또는 체적유량이라 호칭한다. 보통 유체역학에서는 체적유량이란 양적인 개념의 물리량으로 많이 사용하면서 기호로는 식 (2.1.4)와 같이 Q를 사용한다.[22]

$$Q = A_1 V_1 = A_2 V_2 \Rightarrow Q = \sum VA = 0 \qquad (2.1.4)$$

■ 정상유동이면서 압축성유체일 경우

정상유동이면서 압축성유체일 경우($\rho \neq const$)의 경우, 식 (2.1.5)와 같다. 밀도가 상수가 아니게 되기 때문에 적분기호 밖으로 뺄 수가 없기 때문이다. [그림 2.1.1](a)와 같이 이산적으로 유·출입될 때 밀도가 변하는 유체의 변화량은 식 (2.1.6)과 같다. 이를 유동의 질량변화율 즉 질량유량이라 하고 $\dot{m}$라 하고, '엠돗'이라 읽는다. '돗(˙)'의 개념은 단위 시간당이라는 뜻이다.

---

[22] 기호의 심벌이나 표시는 저자마다 다 다르다.

$$\int_{CS} \rho \vec{V} \cdot d\vec{A} = 0 \tag{2.1.5}$$

$$\dot{m} = \int_{CS} \rho \vec{V} \cdot d\vec{A} = \sum \rho \vec{V} \cdot d\vec{A} = 0 \tag{2.1.6}$$

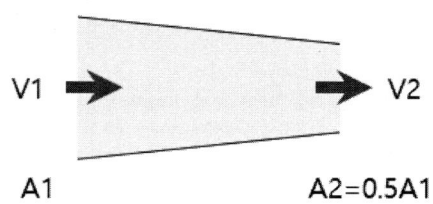

[그림 2.1.2] 면적이 다른 유출입을 갖는 노즐 유동장

식 (2.1.4)와 식 (2.1.6)을 유체역학에서 **연속방정식이라 하는데, 이에 대한 물리적 의미는 시간당 질량보존법칙이다.** 이 수식은 변화율의 합이 0이라는 것을 의미한다. [그림 2.1.2]와 같이 면적이 다른 유출입을 갖는 노즐 유동장에서 식 (2.1.7)과 같이 출구 면적이 입구 면적보다 0.5배 감소하였다면 출구의 속도는 식 (2.1.8)에서 보듯이 입구 속도의 2배로 증가한다. 즉 **중간에 빠지거나(싱크) 유입되는 양(소스)이 없다면 짧은 시간내에 들어오는 양은 반드시 동일한 양이 나가야 한다**는 것이 연속방정식의 물리적 의미이다. 속도는 관 지름의 제곱 또는 면적의 비에 따라 증가하거나 감소하게 되는 것을 반드시 기억해야 한다.

$$Q = A_1 V_1 = A_2 V_2 \Rightarrow A_1 V_1 = 0.5 A_1 V_2 \tag{2.1.7}$$

$$V_2 = \frac{A_1}{0.5 A_1} V_1 \Rightarrow 2 V_1 \tag{2.1.8}$$

[그림 2.1.3]은 2017년 상수도통계에서 언급된 유수율을 설명한 자료이다. 유수율이란 총급수량 대비 유수수량의 비율로 수익되지 않는 손실 양을 계산한 것이다. 유수율이 1이라면 식 (2.1.4)의 연속방정식을 만족하는 것이다. 만약 1이 아니라면 공급량과 수요량이 같지 않다는 것을 의미하며, 그 부족한 양만큼 어디선가 배관의 파괴, 누수 및 불법오용으로 인한 손실이 있다는 뜻이다. 물론 배관이나 가스관 등과

같은 복잡한 관망문제에서 유수율을 판단하기에는 매우 어렵겠지만, 어디서 이런 문제가 발생하는지 빠르게 파악해야 한다. **기본적인 시작은 연속방정식부터임을 상기**해야 한다.

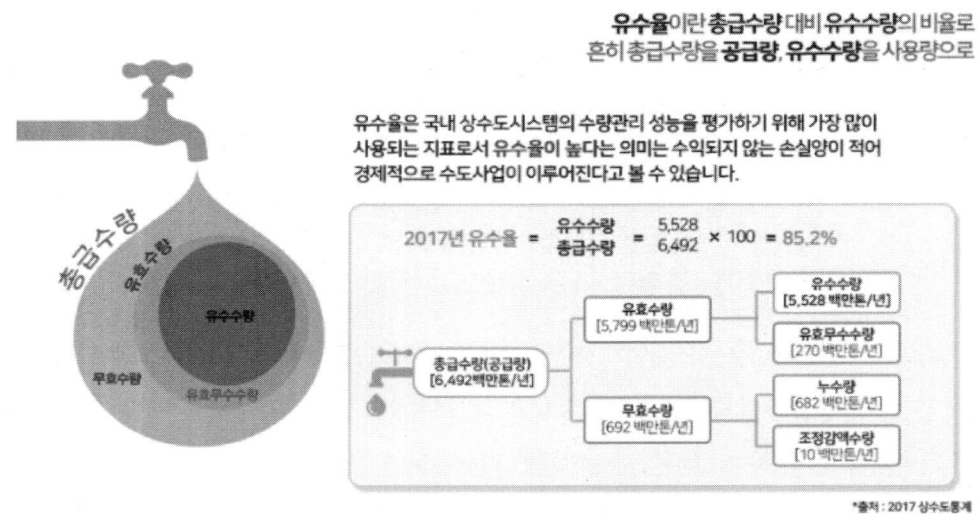

[그림 2.1.3] 유수율의 개념과 연속방정식의 개념

■ 연속방정식의 정의

연속방정식인 식 (2.1.4)인 $Q = AV$은 복잡하지도 않고, 간단한 형태로 현장에서 매우 많이 사용된다. 이를 유도할 때 복잡한 적분의 수학부터 시작을 하였고 이런 적분형의 개념은 **연속방정식이 유출입되는 물리량 변화의 합이라는 뜻이다.** 검사체적이 아무리 복잡하더라도 내부의 세세한 변화는 적분형의 경우에는 무관하다는 것이 적분형 방정식의 특징이다.

2.2 운동량 방정식

■ 적분형 운동량 방정식

[그림 2.2.1]과 같은 소방관 노즐에서 분출된 물을 맞으면 뒤로 밀리게 된다. 또한 [그림 2.2.1](a)와 같이 태풍이 불면 사람이나 나무 등과 같은 물건이 날아가게 된다. 또는 (b)와 달리는 자동차 유리창에서 손을 밖으로 내밀었을 때 손은 뒤로 밀리게 된다. 이 2가지 예시에서 물건이 날아갈 수 있게 하거나 사람의 팔이 느끼는 물리량은 과연 무엇일까?

(a) 태풍에 의하여 날아가 부서진 자동차   (b) 달리는 자동차에서 손을 밖으로 내밀었을 경우
[그림 2.2.1] 유체에 의하여 작용한 힘을 설명하기 위한 그림

학생들이 어렸을 때 배웠던 뉴턴$_{Newton}$의 일화를 생각해보자. 뉴턴은 누워 있다가 중력가속도(g)로 떨어진 임의 질량 m의 사과$_{apple}$가 땅에 떨어진 것을 보고, 거기에 힘이 작용한다고 공식화하였다. 여기서 힘이라는 것은 사과라는 임의의 매질이 지표면에 부딪쳐 종말속도가 0이 되었고, 속도가 0이라는 것은 속도의 변화가 일어났다는 것을 의미한다. 이는 운동량($\vec{mv} = \vec{P}$)이 단위시간당 변화한 것($\vec{F} = m\vec{v}/dt$)으로 표현할 수 있다. 즉 태풍에 의하여 물건이 날아가는 것이나 노즐을 통해 분출된 유체에 맞아 뒤로 밀리게 된 것이 바로 유체에 의한 물리량인 힘이다.

유체역학에서는 '뉴턴의 제 2법칙'을 운동량 방정식이라 한다. 그렇다면 유체의 흐름 변화에 따른 힘을 계산할 수 있을까? 아니다. 사과와 같은 체적이 일정한 질량으로 표현되고 있으며, 시간도 유한하지만 짧지 않고, 임의의 검사체적도 설정해주어야 하기에 유체역학에서 움직이는 유체에 의한 힘을 논하기에는 아직 무리가 있다. 좀 더 유체역학과 연관하여 생각하고 설명하기 위하여 레이놀즈 전달이론식을 이용하여 식 (2.2.1)과 같이 유도하였다.[23]

$$\vec{F_S} + \vec{F_B} + \vec{R} = \frac{\partial}{\partial t}\int_{CV} \vec{V}\rho d\forall + \int_{CS} \vec{V}\rho \vec{V}\cdot d\vec{A} \tag{2.2.1}$$

식 (2.2.1)은 벡터 형식으로 정리한 것이다. 힘과 속도는 벡터이므로 직각 좌표계 또는 카테시안 좌표계에서 3가지의 힘(F_x, F_y, F_z)과 속도(u, v, w)로 나누어 식 (2.2.2)에서 식 (2.2.4)와 같이 스칼라 형태로 정리할 수 있다. 보통 스칼라의 형태로 기억하면 쉬운데, 이는 같은 형식의 수식을 3번 써야하는 문제가 발생하여 불편하지만 식 (2.2.1)과 같이 벡터표현을 사용하면 1번만 사용하므로 벡터표현을 많이 사용한다. 다만 스칼라 형태를 사용하면 개념파악이 쉬워진다.

$$F_x; \quad F_{S_x} + F_{B_x} + R_x = \frac{\partial}{\partial t}\int_{CV} u\rho d\forall + \int_{CS} u\rho \vec{V}\cdot d\vec{A} \tag{2.2.2}$$

$$F_y; \quad F_{S_y} + F_{B_y} + R_y = \frac{\partial}{\partial t}\int_{CV} v\rho d\forall + \int_{CS} v\rho \vec{V}\cdot d\vec{A} \tag{2.2.3}$$

$$F_z; \quad F_{S_z} + F_{B_z} + R_z = \frac{\partial}{\partial t}\int_{CV} w\rho d\forall + \int_{CS} w\rho \vec{V}\cdot d\vec{A} \tag{2.2.4}$$

(a)평판　　　(b) 120도　　　(c) 반구형태
[그림 2.2.2] 다른 형상의 타깃

---

23) 자세한 것은 유체역학 책을 참조하기 바란다.

[표 2.2.1] 타깃이 다른 경우 검사표면 2지점에서 변화되는 속도의 크기

US 상용 길이	평판인 경우	둔각일 경우	예각인 경우
각도	$\theta_2 = 90°$인 경우	$\theta_2 > 90°$인 경우	$\theta_2 < 90°$인 경우
속도의 크기	$V = V_1 = V_2$		
2지점에서 x방향속도 u_2	$u_2 = 0$	$u_2 = -V\cos\theta_2$	$u_2 = V\cos\theta_2$
2지점에서 y방향속도 v_2	$v_2 = V_2 = V_1 = V$	$v_2 = -V\sin\theta_2$	$v_2 = V\sin\theta_2$

■ 유동이 경사진 깃에 분사되는 경우

만약 노즐 분사가 [그림 2.2.2](b)와 같이 수평이나 수직으로 한 방향으로 분사되는 경우는 x방향이나 y방향 중에 1개 방향만 고려하여 계산하면 되나, 소방관이 노즐분사를 하는 것과 같이 경사로 분사되거나 [그림 2.2.2](b)와 (c)와 같이 타깃이 수평 또는 수직이 아니라 형상이 변경된다면 V_2의 속도가 0아니라 각도만큼 변화한 x방향의 속도, y방향 속도 2가지를 [표 2.2.1]과 같이 고려해주어야 한다. 그렇다면 x방향의 운동량방정식인 식 (2.2.5)는 식 (2.2.6)과 같이 변화하게 된다. 동일한 논리로 y방향의 힘은 (2.2.7)과 같다. 식 (2.2.6)과 식 (2.2.7)에서 하첨자 1, 2는 검사체적의 입구와 출구인 검사표면을 의미한다. 1점 또한 삼각함수인 cos과 sin으로 나타낸 이유는 경사지게 유입될 경우도 있기 때문이다.

$$p_1A_1 - p_2A_2 - R_x = \rho(u_2 V A_2 - u_1 V A_1) \qquad (2.2.5)$$

$$-R_x = \rho(V_2\cos\theta_2 V A_2 - V_1\cos\theta_1 V A_1) \qquad (2.2.6)$$

$$R_y = \rho(V_2\sin\theta_2 V A_2 - V_1\sin\theta_1 V A_1) \qquad (2.2.7)$$

식 (2.2.6)과 식 (2.2.7)에서 속도 V_1 또는 V_2의 크기는 [표 2.2.1]에서 보이는 거와 같이 동일하고, 두 지점의 면적이 동일하다고 가정하면($A_1 = A_2$) 식 (2.2.8)과 식 (2.2.9)와 같이 간단하게 정리할 수 있다.

$$-R_x = \rho V^2 A(\cos\theta_2 - \cos\theta_1) \tag{2.2.8}$$

$$R_y = \rho V^2 A(\sin\theta_2 - \sin\theta_1) \tag{2.2.9}$$

만약 입구에서 수평으로 유입되고, 출구에서 수직평판이 있는 경우는 입구(θ_1)와 출구(θ_2)각도는 각각 $\theta_1 = 0°$ 와 $\theta_2 = 90°$ 이므로 식 (2.2.8)과 식 (2.2.9)는 식 (2.2.10)과 식 (2.2.11)로 정리할 수 있다. 식 (2.2.10)과 식 (2.2.11)의 우측 항은 같고, 좌측 항인 반력을 F 라 정리한다면 식 (2.2.12)와 같은 수식으로 정리할 수 있고, 체적유량인 Q를 대입하여 정리할 수도 있다.

$$-R_x = \rho V^2 A \tag{2.2.10}$$

$$R_y = \rho V^2 A \tag{2.2.11}$$

$$F = \rho V^2 A = \rho Q V \tag{2.2.12}$$

(a) 플랜지를 이용하는 경우   (b) 클램프를 이용하는 경우
[그림 2.2.3] 배관 고정 방법

[그림 2.2.2]는 외부로 유체가 분사되는 경우를 설명하였지만 운동량 플럭스의 변화가 [그림 2.2.3]과 같은 배관에서도 적용할 수 있다. 배관작업을 하는데 있어 모두 다 직관으로 작업할 수도 없고, 또한 직관으로 작업을 한다고 해도 연결을 해야 하기 때문에 부득이하게 곡관이나 이형관이나 밸브 등과 같은 밸브 피팅류 작업을 해주어야만 한다.[24] 만약 [그림 2.2.3]과 같이 배관작업이 되었다면 유체의 운동량 플럭스 변화에 의하여 배관에 힘이 작용할 것이고 이를 고정해야 한다.

2가지 고정 방법의 차이는 배관에 작용하는 압력에 따라 변경된다. 보통 플랜지를 사용하는 경우는 배관에 힘이 크게 작용할 때 안정하게 고정하는 방법이고, 클램프를 이용하는 것은 배관에 적용되는 힘이 크지 않은 경우 벽체에 배관을 고정하기 위한 간이적인 방법이다. 배관을 연결하는 플랜지의 선정은 그냥 하는 것이 아니라 운동량플럭스의 변화에 의한 계산된 힘과 압력에 따라 KS B 1503에 의거 $5K$, $10K$, $20K$ 등으로 설계하여 플랜지 길이, 두께, 타입 그리고 볼트의 구멍 크기, 개수, 길이 등을 선정하여야 한다.

2.3 베르누이 방정식

Bernoulli 방정식은 식 (2.3.1)에서 **1점과 2점의 차이가 없다는 것은 두 점에 에너지가 같다는 것을 의미**한다. 'Bernoulli'는 사람 이름이기 때문에 한글로 발음할 때 '베르누이'라고 하며, 이 방정식은 많은 가정을 통하여 유도되었음을 인지해야 한다.

$$\left(\frac{p}{\rho}+\frac{V^2}{2}+gz\right)_2 = \left(\frac{p}{\rho}+\frac{V^2}{2}+gz\right)_1 = constant \tag{2.3.1}$$

$$\frac{p}{\rho}+\frac{V^2}{2}+gz = constant \tag{2.3.2}$$

식 (2.3.2)와 같은 베르누이 방정식을 유도할 때 가정사항을 정리하면 다음과 같다. 이 가정들은 입사시험, 기사시험 등에 기출문제로도 많이 나오기 때문에 매우 중요

---
[24] 이러한 피팅류에서는 부차적으로 압력손실이 발생하게 된다.

하고 반드시 알고 있어야 한다. 이 방정식을 정의할 때 기계적 에너지만 고려하였기 때문에 기계적 에너지 평형식이라고도 한다.

① $\dot{W}_{shaft} = 0$

② 정상유동

③ 비압축성 유동

④ $u_2 - u_1 - \dfrac{dQ}{dm} = 0$ (손실무시) → 무마찰 유동

⑤ 각 단면에서 균일유동 및 균일상태 유입

⑥ 하나의 유선을 따라 지나간다.

$$\boxed{\underbrace{\dfrac{p}{\gamma}}_{①} + \underbrace{\dfrac{V^2}{2g}}_{②} + \underbrace{z}_{③} = constant} \tag{2.3.3}$$

식 (2.3.2)의 각 항을 g로 나누면 식 (2.3.3)과 같이 변경할 수 있다. 식 (2.3.2)와 식 (2.3.3)의 차이는 단위이다. 식 (2.2.2)보다는 식 (2.2.3)을 현장에서 보통 많이 사용하는데 이는 수식의 단위가 길이이기 때문이며 길이 단위로 에너지를 이해하면 쉽기 때문이다. 이 길이 단위를 보통 헤드라고 한다.

식 (2.3.3)은 ①항인 압력에너지와 ②항인 운동에너지와 ③항인 위치에너지의 합이 같다는 것을 의미한다. ①항인 압력에너지를 보면 압력에너지를 길이단위로 정의하였다. 즉 1점에서 가지고 있는 에너지는 몇 m의 높이를 올릴 수 있다. 또는 100m 지점에 있는 에너지는 낙차의 에너지를 가지고 있다는 논리이다. 보통 길이 단위로 나타내는 에너지를 펌프 시스템에서 양정, 수차발전 시스템에서는 낙차라는 용어로 사용하게 된다.

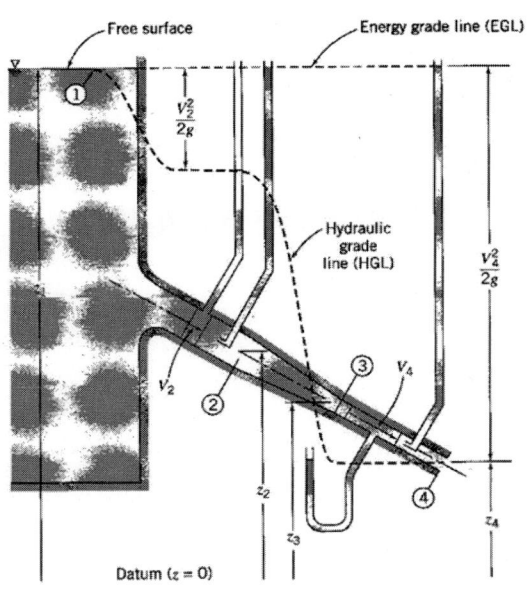

[그림 2.3.1] 탱크에 연결된 벤투리 관내 지점별 에너지 구분

■ 에너지 구배라인과 수력구배선

[그림 2.3.1]에서 보이듯이 4개의 지점에서 에너지는 같아야 한다. 그 선을 연결한 것을 에너지 구배라인이라 하고 이 선은 동일하다. 그 선을 이루는 압력에너지, 속도에너지, 위치에너지의 값은 [그림 2.3.1]에서 보듯이 각각 다르다. 즉 기하학적 형상이나 유동, 높이에 의하여 변화한다는 것을 의미한다.

벤투리 지점인 ②, ③점에서 보면 위치에너지가 감소하고 속도에너지가 증가하고 있음을 알 수 있다. 한 지점에서 속도에너지($V^2/2g$)를 고려하지 않은 에너지를 생각해보자. 그 에너지의 합을 이은 선을 수력 구배선이라 한다. 즉, 수력 구배선은 [그림 2.3.2](a)와 같은 **펌프장에서 최종 배수장까지 물을 공급**하기 위한 펌프배관망을 설계하는데 매우 중요한 인자이다. 최종 배수지까지 물을 송수하려면 취수장에서 펌프를 통하여 가압시켜 정수장으로 보내고, 그 물을 정수하고 다시 가압하여 수십 킬로미터 떨어져 있는 배수지로 보내는 가압시스템을 갖는다.

(a) 광역상수도 시스템 (한국수자원공사 제공)

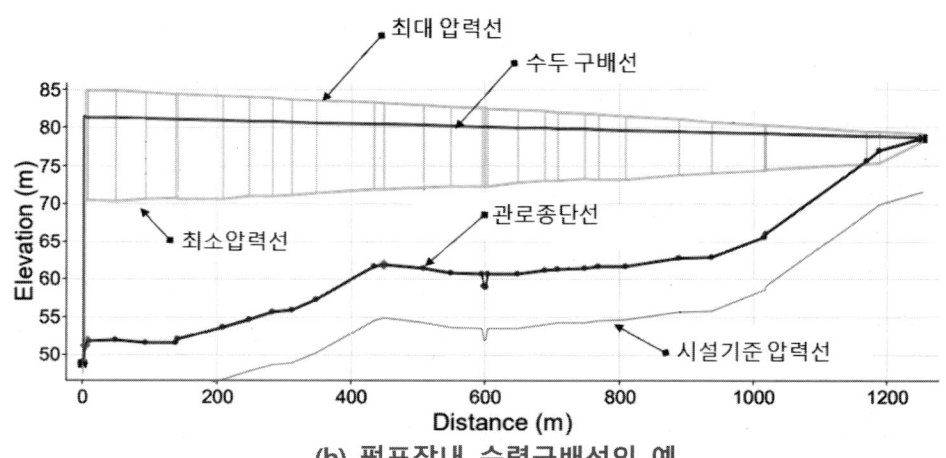

(b) 펌프장내 수력구배선의 예

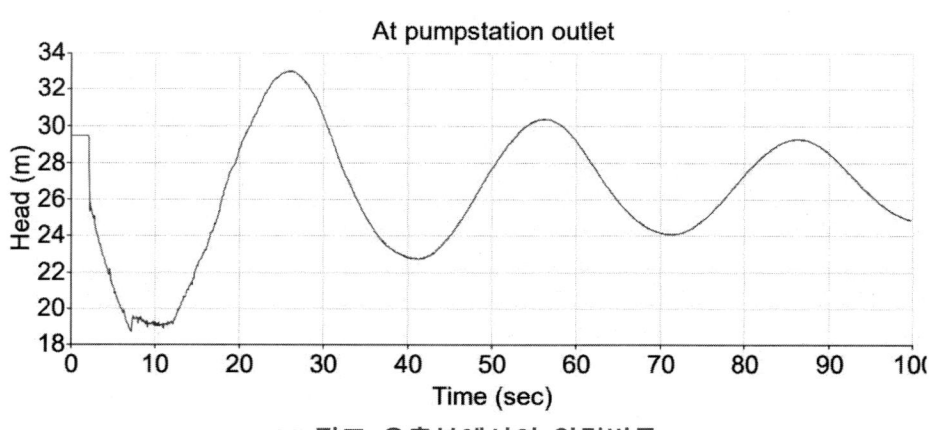

(c) 펌프 유출부에서의 압력변동

(d) 펌프장내 외에 설치된 서지탱크 ((주)에스엠테크)
[그림 2.3.2] 광역상수도 시스템 및 관련 펌프장내 수력구배선과 수격현상을 방지하기 위한 대책

이러한 가압펌프장의 설계에 있어 핵심인자는 수력구배선이며, 제대로 수력구배선이 고려되지 않는다면 원하는 곳으로 송수가 불가하다. 또한 원활한 물 공급에도 중요하지만, 배관내 수격현상를 현상을 방지하는데 있어서도 매우 중요한 인자가 된다.

실제로 예를 들어서 설명하기 위하여 ○○ 펌프장 시스템을 살펴보자. 펌프 2대 ($Q = 0.2\,[m^3/min]$, $H = 34\,[m]$)로 송수하는 시스템($L = 1,243\,[m]$, $D = 100\,[mm]$)의 수력 구배선을 [그림 2.3.2](b)와 같이 나타내었다. 여기서 관로 종단선은 유체를 이송하는 관을 길이 및 높이로 표현한 선이 되고, 결론적으로 펌프장에서 송수할 유량을 최종적인 배수지에 도달하도록 수력 구배선을 만족 되도록 설계해야 한다. 펌프장에서 관로를 지나며 **마찰손실에 의해 에너지가 점점 작아지기 때문에 관로종단선보다 적으면 안 되기**

때문이다. 참고로 [그림 2.3.2](b)에 나타낸 시설기준 압력선은 상하수도 시설기준에 의해 관로에서의 부압을 -5 ~ 7m이하로 제한하는 기준압력선이다.

만약 펌프 운전 중에 정전이나 고장에 의해 갑자기 멈추게 되는 경우 [그림 2.3.2](c)와 같이 맥동현상을 나타내는 수격현상이 발생하게 된다. [그림 2.3.2](c)는 수격 발생시 펌프장에서의 시간경과에 따른 압력변동이다. 수두 구배선을 기준으로 최대압력선과 최소압력선을 설정하여 수격발생시를 대비하여 (d)와 같이 서지탱크를 설치하게 되고 (c)의 변동압력에 대비해야 한다. 수충격에 대한 공부는 유체기계에서 좀 더 공부하기 바란다.

▶ 최대압력선 : 수격발생시 각 지점에서의 최고압력을 연결한 선
　　　　　　　이는 높은 압력이 발생하므로 동수구배선보다 높게 표시
▶ 최소압력선 : 수격발생시 각 지점에서의 최저압력을 연결한 선
　　　　　　　정수압보다 낮은 압력으로 시설기준보다 낮은 압력이
　　　　　　　되어서는 안 됨

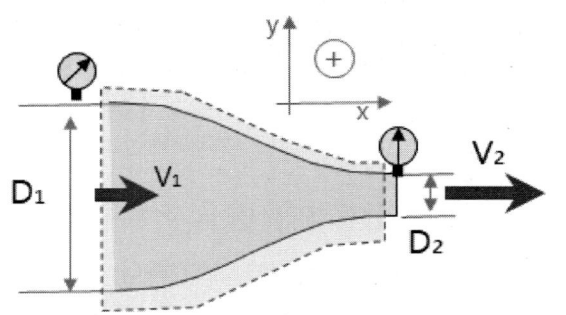

[그림 2.3.3]　에너지 변화를 설명하기 위한 노즐 시스템

■ 위치에너지가 동일한 경우

[그림 2.3.3]과 같이 노즐의 검사체적내 높이가 같을 때는 식 (2.3.3)은 식 (2.3.4)와 과 같이 위치에너지 항이 삭제된다. 식 (2.3.4)를 보면 1점과 2점의 에너지가 같고, [그림 2.3.3]에서 보이듯이 연속방정식에 의거 2점에서 면적이 줄었기 때문에 2점에

서 속도가 증가되었고, 속도가 증가되었다는 것은 속도에너지가 증가되었다는 것을 의미하며, **증가된 속도에너지는 에너지보존법칙에 따라 증가된 에너지만큼 압력에너지가 줄어야 된다는 것을 의미**한다. 이 법칙은 매우 간단하게 보이지만 매우 중요한 개념이다.

$$\frac{p_1}{\gamma} + \frac{V_1^2}{2g} = \frac{p_2}{\gamma} + \frac{V_2^2}{2g} \tag{2.3.4}$$

2.4 층류와 난류

관내 유동은 유입된 속도 또는 압력에 따라 유동장이 달라진다. 이러한 유동장에 대한 물리적 현상은 [그림 2.4.1]과 같이 오스본 레이놀즈에 의하여 정의되었다. 레이놀즈는 지름 D를 통하여 흘러가는 물속 염료의 유적선을 가시화하여 유동현상을 실험으로 증명하였고, 식 (1.2.6)과 같은 Re수에 따라 유동현상이 달라진다고 하였다. Re수가 2,000보다 적으면 [그림 2.4.2]에서 보듯이 층류유동을 나타내고, Re수가 4000보다 크면 난류유동현상을 나타낸다고 하였다.

[그림 2.4.1] 오스본 레이놀즈의 관내 유동내에서 층류와 난류를 실험하는 모습

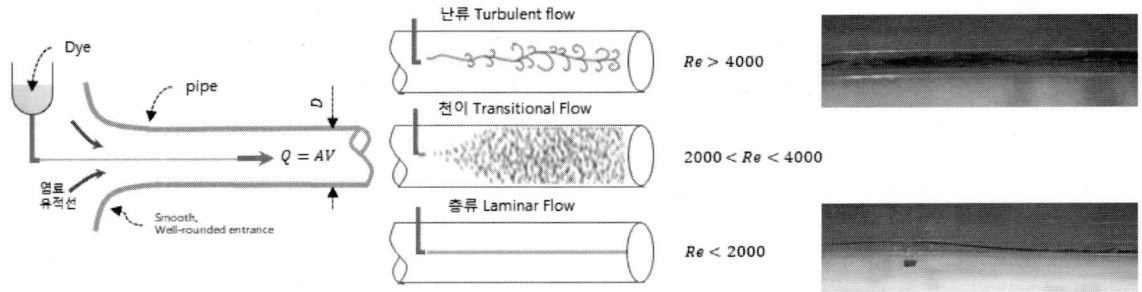

(a) 실험장치 설명　　　(b) 유동 설명　　　(c) 층류와 난류 유동현상
[그림 2.4.2] 층류와 난류를 실험하기 위한 모식도와 유동현상

Re수가 2,000과 4000사이의 유동현상을 천이유동이라 하고, 중간단계의 유동을 의미한다. 보통 2,000을 상임계 레이놀즈수라고 하고, 4000을 하임계 레이놀즈수라 한다. 그러나 일반적으로 원관 유동에서는 $Re=2,300$을 층류와 난류를 구분하는 일반적인 값으로 알려져 있다. Re수는 유체역학에서 공부하였듯이 **관성력과 점성력의 비**로써, Re수가 크다는 것은 속도 V에 의한 관성력이 관유동을 지배한다는 것을 의미하고, Re수가 적다는 것은 μ에 의한 점성력 즉 마찰의 영향이 크다는 것을 의미한다.

층류의 경우 어원적으로 보았을 때 층(層)과 층사이에 흐름을 의미한다. 즉 [그림 2.4.3]과 같이 육상트랙 경기와 수영 경기와 유사하다. 꼭 이런 운동과 동일하지는 않지만 이 운동을 보면 정해진 트랙 즉 정해진 층을 벗어나지 않는다는 것을 의미한다.

(a) 육상 트랙 경기　　　(b) 수영 경기
[그림 2.4.3] 층류유동과 개념이 유사한 육상 트랙경기와 수영경기

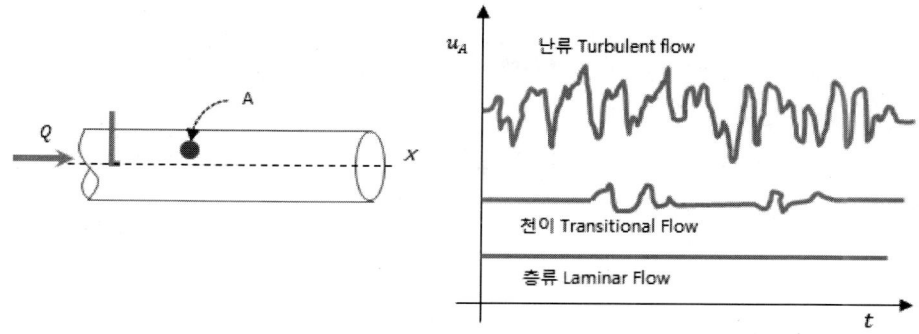

[그림 2.4.4] 관내 한 지점 A에서의 시간에 따른 유체의 속도

관내 A점에서 시간의 함수로 진행방향 속도를 [그림 2.4.4]와 같이 표현하였는데 층류의 경우 속도가 안정되게 진행방향으로 흘러가기 때문에 진행방향의 속도로만 나타낼 수 있다. 반면 불규칙하게 하는 난류유동은 관을 통과하는 염료를 분산시키거나 퍼지는 현상을 나타낸다. 이러한 현상은 **관성력으로 인한 운동에너지의 증가와 이를 방해하려는 소산에너지가 상호작용 때문**이다. 따라서 난류의 지배적인 속도성분 또한 유동방향의 성분이긴 하지만, 매우 불규칙하게 변화한다. 이렇게 비규칙으로, 불규칙하게 변화하는 성질을 갖는 난류는 우리의 눈으로 관찰하기에 너무 **빠르게 작용하고 퍼지는 현상으로 보인다. [그림 2.4.3](a)와 같은 육상경기 중 $1,000\,[m]$이상 트랙경기를 보면 경기자들은 시간이 지남에 따라 트랙중심으로 운동하게 되는데 좀 더 빨리 가려고(운동량 증가)짧은 코스인 안으로 모이게 되고 그렇다 보면 서로 부딪쳐(소산에너지 증가) 서로 넘어지게 된다. 이런 현상을 완전히 이해한다면 난류란 개념을 좀 더 쉽게 이해할 수 있다.

2.5 발달중인 유동과 완전히 발달된 유동

유체역학에서 유동장을 설명할 때 가정하는 것 중 하나는 완전히 발단된 유동이라는 것이다. 이 완전히 발단된 유동이라는 개념은 유동에 관련된 변수들을 제거할 수 있고 이론식을 쉽게 해석하기 위한 방법이며, 또 하나의 경계조건이다.

[그림 2.5.1]과 같은 관내 유동은 입구에서 [그림 2.4.2](a)와 같이 입구손실을 제거하기 위하여 매우 매끄러운 곡관을 설치하게 된다. 그렇다면 입구에서는 균일유동을 형성하게 되는데 이 균일유동이 길이방향으로 진행을 하다보면 점성 및 벽면의 마찰에 의하여 벽면의 속도가 감소되고, 감소된 속도분포는 중심영역의 속도를 증가시키게 된다.

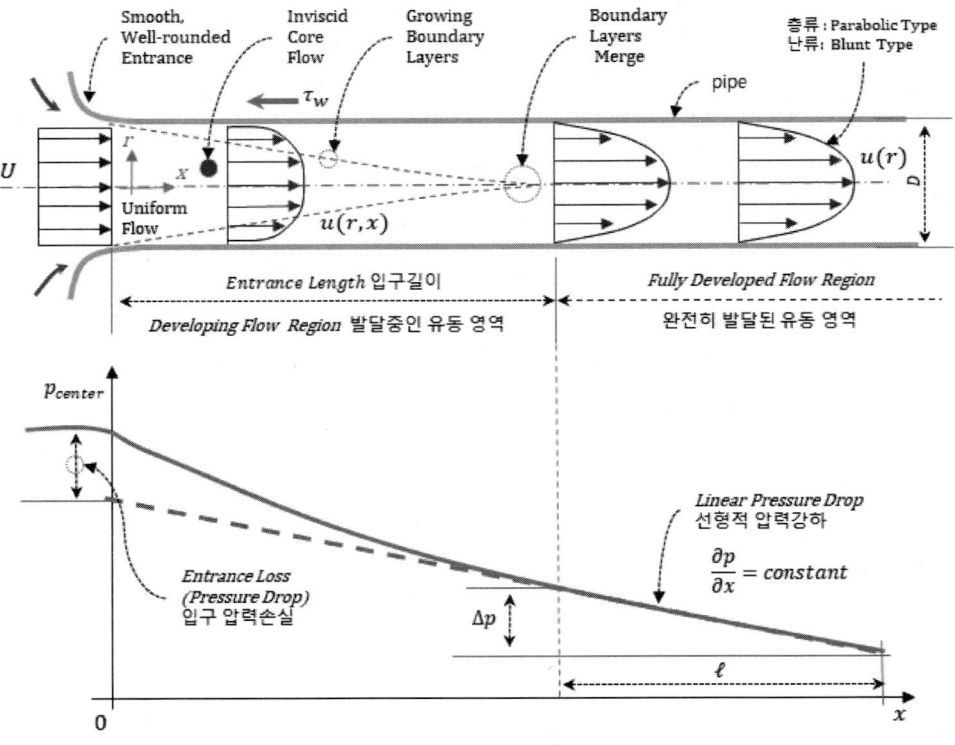

[그림 2.5.1] 관내 발달중인 속도분포, 완전히 발달된 속도분포 그리고 이에 따른 중심선에서 압력분포

[그림 2.5.1]에서 보듯이 길이방향으로 유동이 흐른다면 유동은 더 이상 벽면의 마찰영향을 받지 않는 속도분포를 가지게 되는데, [그림 1.2.6]에서 보듯이 **층류의 경우에는 포물선 형태로, 난류의 경우는 중심부분에서 평탄한 속도분포**를 갖는다. 이러한 속도분포를 갖는 영역을 '완전히 발달된 유동' 영역이라고 하고, 그 전까지는 '발달 중인 유동' 영역이라고 한다. 영어로 보면 좀 더 쉽게 이해할 수 있다. 'ed' 와 'ing' 의 차이를 참조하자.

균일유동에서 완전히 발달된 유동까지의 거리를 식 (2.5.1)와 식 (2.5.2)와 같이 '입구길이'라고 한다. 식 (2.5.1)는 층류에, 식(2.5.1)은 난류유동 입구길이이다. 층류와 난류의 입구길이는 관 지름과 Re수의 함수임을 알 수 있다. 즉 관 지름이 커진다면 입구길이가 길어진다.

$$L_{e_{lam}} = 0.06 Re\, D \tag{2.5.1}$$

$$L_{e_{turb}} = 4.4 Re^{1/6} D = 25 \sim 40 D \tag{2.5.2}$$

난류의 경우는 유체간의 심한 혼합, 경계층이 급속히 진행이 되므로 입구길이는 층류보다 짧아지고, 경험적으로 수식을 이용하지 않고 지름에 25 ~ 40배를 사용한다. 층류의 경우 Re수를 2,000으로 가정하고, 식 (2.5.1)에 대입하여 계산하면, 입구길이는 지름의 120배가 되지만 난류의 경우는 보통 25 ~ 40배 되므로 입구길이가 짧아진다. 이 값 또한 균일유동이 안정화될 때까지의 길이이므로 실제로는 더 짧아진다. 이러한 발달 중인 영역에서 [그림 2.5.1]에서 압력분포를 보면 입구 압력손실이 발생하게 된다. 입구길이에서 발생되는 손실개념은 배관에 설치하는 압력계나 유량계를 설치할 때 정확한 값을 측정할 수 없다는 것을 의미한다. 또한 [그림 2.5.1]처럼 모든 배관 유동내 라운딩되어 있지 않아 모든 입구에서 균일유동으로 유입되지 않고 '발달중인 속도분포'로 유입된다. 이런 이유로 **유량계나 압력계를 설치할 때 경험적으로 지름의 5배 즉 $5D$ 정도를 띄어 주어야는 등 완전히 발달된 유동**을 보장해 주어야 이런 영향을 배제시킬 수 있다. 배관 내 유동장은 대부분 난류유동장이기 때문이다. 완전히 발달된 유동영역에서는 압력강하는 일정하게 감소한다.

2.6 주손실

■ 손실

[그림 2.6.1](a)와 같이 원관내 유체가 만관으로 흐를 때 ①점과 ②점에서의 압력은 다르다고 배웠다. 또한 이러한 완전히 발달된 유동일 때 압력강하는 선형적으로 감소한다고 배웠다. 이러한 원인은 유체가 점성유체이기 때문이다. 여기서 중요한 것은 관내 흐르는 유량이 어디로 빠지거나 어디서 유입되는 점이 없는 길이의 관에서 ①점과 ②점의 유량은 동일하다. 유량이 동일하다는 것이다. 즉 ①점과 ②점의 속도는 동일하다는 것이다. 또한 완전히 발달된 유동이라고 가정했기 때문이다. 그러나 **①점과 ②점의 압력이 다르다는 것이 마찰손실 때문이라는 것**을 깨달아야 한다. 즉 달랑베르의 역설을 의미하는 것이다.

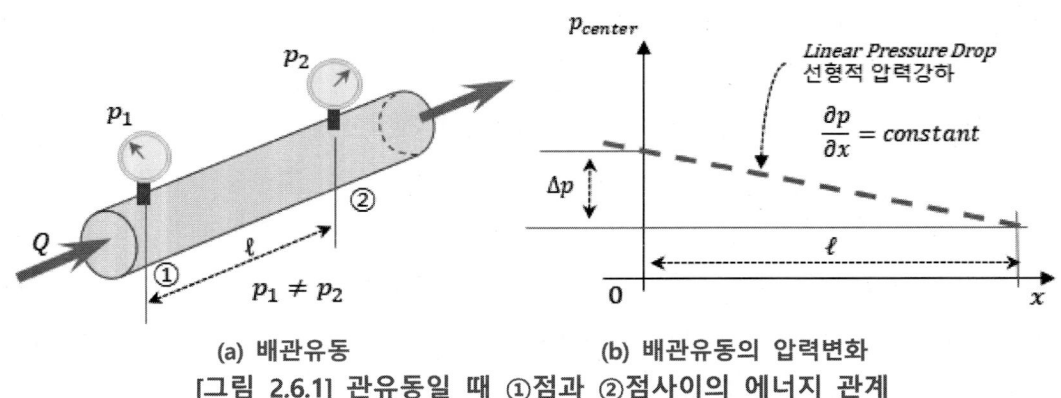

(a) 배관유동　　(b) 배관유동의 압력변화
[그림 2.6.1] 관유동일 때 ①점과 ②점사이의 에너지 관계

$$\left(\frac{p_1}{\rho g}+\frac{\overline{V_1^2}}{2g}+z_1\right)-\left(\frac{p_2}{\rho g}+\frac{\overline{V_2^2}}{2g}+z_2\right)=h_\ell \tag{2.6.1}$$

베르누이 방정식은 마찰이 없다고 가정하였기 때문이다. 식 (2.6.1)과 같이 마찰이 없는 경우는 ①점과 ②점의 압력 값이 동일할 수밖에 없다는 것이다. 즉 내부 점성 유동에서는 층류이던 난류이던 점성의 영향으로 압력강하의 형태로 손실이 발생하게 된다. 식 (2.6.1)과 같이 ①점과 ②점의 에너지 차이는 손실 h_ℓ로 귀결된다. 여기서 gh_ℓ는 총 헤드손실, 단위질량당 전체 에너지손실이다. 식 (2.6.1) 양변에 g로 나누어 주면 식 (2.6.2)와 같이 길이단위 $[m]$ 단위로 간편하게 생각할 수 있다.

$$\left(\frac{p_1}{\rho} + \frac{\overline{V_1^2}}{2} + gz_1\right) - \left(\frac{p_2}{\rho} + \frac{\overline{V_2^2}}{2} + gz_2\right) = gh_\ell \tag{2.6.2}$$

여기서 직관인 경우는 손실은 마찰에 영향을 받지만 [그림 2.6.2]와 같이 경사진 직관은 식 (2.6.3)과 같이 변화한다.

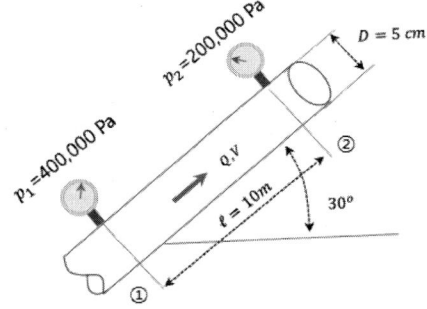

[그림 2.6.2] 경사진 직관내 손실에너지를 구하기 위한 문제

$$\left(\frac{p_1}{\rho g} + z_1\right) - \left(\frac{p_2}{\rho g} + z_2\right) = h_\ell \tag{2.6.3}$$

■ 층류에서 주손실

관내 압력변화에 의한 손실은 식 (2.6.4)와 식 (2.6.5)와 같은 달시-바이스바흐식으로 정의할 수 있다.

$$Q = \frac{\pi \triangle p D^4}{128 \mu L} \tag{2.6.4}$$

$$h_L = f \frac{L}{D} \frac{\overline{V^2}}{2g} \tag{2.6.5}$$

$$f = \frac{64}{Re} \tag{2.6.6}$$

식 (2.6.5)에서 f는 원관내 층류유동에서 Re수의 함수로써 식 (2.6.5)와 같이 일정하다. 이 값은 무디가 [그림 2.6.3]에서 제시한 거와 같이 일정하다.

[그림 2.6.3]에서 제시된 무디 선도는 log-log그래프로 x축은 Re수이며, 좌측 y은 마찰계수, f 그리고 우측 y는 상대 조도 즉 배관의 거칠기를 ϵ/D로 나타낸 것이다. 무디는 층류에서의 마찰계수가 배관의 거칠기에 상관없고, 오로지 Re수에 따라 감소함을 나타내고 있다고 하였다. 따라서 층류일 때는 굳이 무디 선도를 이용할 필요가 없다. 그 이유는 식 (2.6.6)과 같이 매우 간단하기 때문이다.

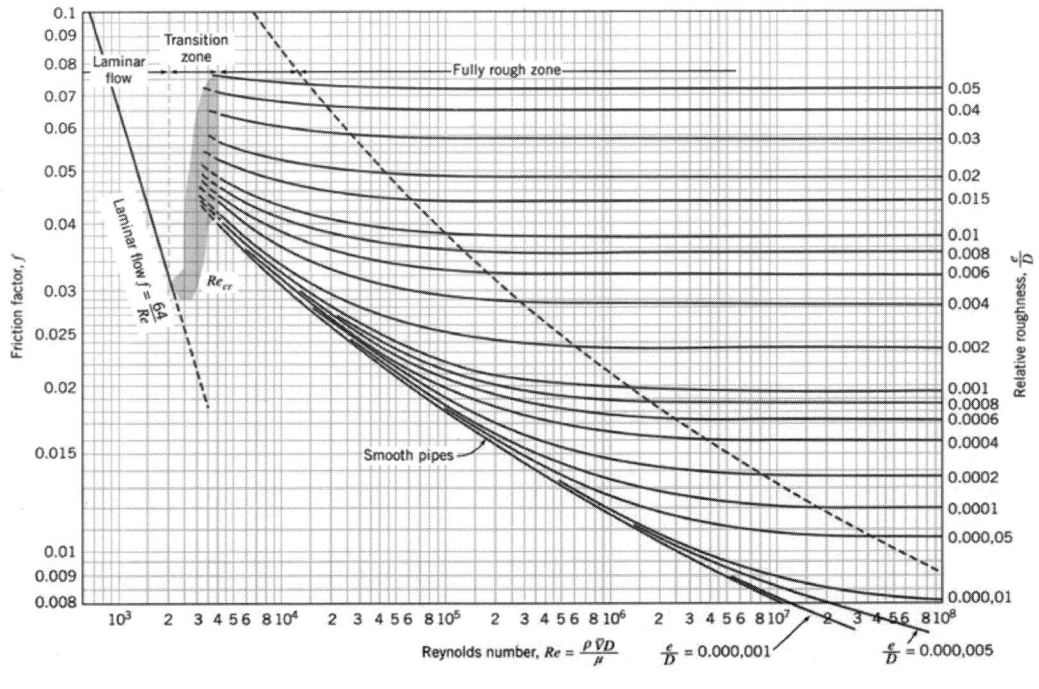

[그림 2.6.3] 무디선도

■ 난류에서 주손실

난류에서의 주손실은 식 (2.6.5)와 같은 수식을 사용한다. 다만 난류인 경우는 마찰계수인 f를 다르게 적용해주어야 한다. 다시 설명하면 층류는 식 (2.6.6)을 이용하여 쉽게 계산을 할 수 있지만 난류의 경우는 f는 무디 선도로부터 [그림 2.6.4]와 같이 구하면 된다. [그림 2.6.4](a)의 경우는 매끄러운 관일 때의 마찰계수를 구하는 방법이며, (b)의 경우는 상대조도가 있는 관에서 마찰계수를 구하는 방법을 설명한 것이다.

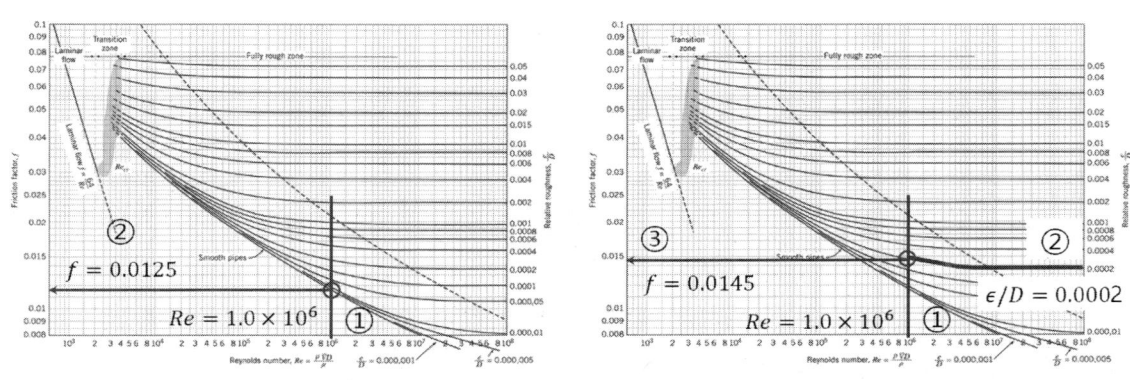

(a) 매끄러운 관   (b) 상대조도가 있는 경우
[그림 2.6.4] 무디 선도를 통하여 난류의 마찰계수를 구하는 방법

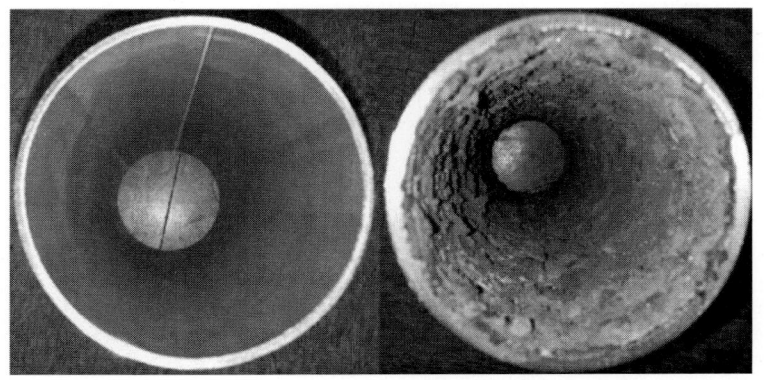

(a) 매끄러운 관   (b) 상대조도가 있는 녹슨 배관
[그림 2.6.5] 매끄러운 관과 상대조도가 있는 녹슨 배관

무디 선도는 난류에서는 관의 거칠기에 따라 마찰계수가 달라진다. [그림 2.6.4]의 우측 y값이 커질수록 상대조도가 커지게 되고 이러한 경우는 [그림 2.6.5](b)와 같이 오

래된 관이나 열교환기나 보일러 배관에서 많이 보게 된다. 무디 선도에서 난류영역에서 가장 아래에 있는 선은 [그림 2.6.5](a)와 같이 매끄러운 관을 의미하고 새로운 관에 해당된다.

그러나 [그림 2.6.3]과 같은 무디 선도를 매일 들고 다닐 수가 없고, 그래프를 이용하여 육안으로 읽기 때문에 정확한 값을 찾기가 어렵다. 따라서 쉽게 마찰계수를 쉽게 구하기 위하여 그 동안 많은 연구자들이 난류의 마찰계수를 구하는 수식을 실험으로 구했는데, 이중 매끈한 관일 때는 식 (2.6.7)과 같은 브라시우스 식을, 상대조도를 고려한 거친 관일 때는 많은 수식 중 식 (2.6.8)인 콜레브룩 식을 많이 사용한다.

브라시우스 식을 보면 매우 단순하기 때문에 층류의 식과 같이 매우 간단하게 사용할 수 있는 장점이 있지만, 간단한 수식 때문에 오히려 상대조도를 고려하지 못하는 단점이 있다. 반면에 콜레브룩 수식은 무디 선도의 마찰계수를 제일 잘 반영된 것이 장점이지만, 이 수식은 복잡하기 때문에 직접 풀 수 가 없는 단점이 있다. 즉 왼쪽과 우측 모두 마찰계수 값이 존재하기 때문에 음함수일 때 고정반복법으로 구해야 한다. 이를 쉽게 풀기 위하여 식 (2.6.9)와 같이 양함수의 형태로 나타냈다. 이를 콜레브룩-화이트 식이라 한다.

$$f = \frac{0.3164}{Re^{0.25}} \ (Re < 50,000) \tag{2.6.7}$$

$$\frac{1}{f^{0.5}} = -2.0\log\left(\frac{\frac{\epsilon}{D}}{3.7} + \frac{2.51}{Re f^{0.5}}\right) \tag{2.6.8}$$

$$f = \frac{0.5^2}{\left[\log\left(\left(\frac{\epsilon}{D}\right)/3.7 + \frac{5.74}{Re^{0.9}}\right)\right]^2} \tag{2.6.9}$$

2.7 부손실

■ 정의

일정길이의 **직관에 발생되는 마찰손실을 주손실**이라 한다. 그렇다면 [그림 2.7.1]과 같이 다양한 배관으로 구성된 시스템의 손실을 마찰손실로만은 산정할 수 없다. 만약 [그림 2.7.1]와 같은 배관구성을 갖는 시스템에서는 **밸브류, 곡관, 입구와 출구, 단면변화 등에 의하여 손실이 발생하는 것을 부손실**이라 하고 이 부손실을 에너지 측면에서 *펌프가 감당하도록 설계*해주어야 한다.

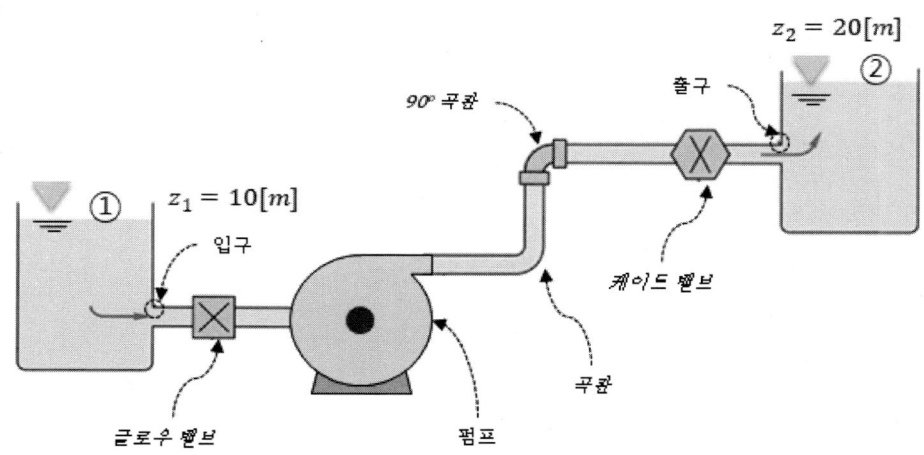

[그림 2.7.1] 부손실을 설명하기 위한 이상화된 펌프시스템

부손실(h_{ℓ_m})을 계산하기 위하여 이론적으로 유도된 수식은 없어 보통 경험적으로 주손실과 같은 형태의 수식인 식 (2.7.1)를 사용한다. 이때 식 (2.7.1)에서 K를 부차적 손실계수라고 하고 이 값은 밸브, 급확대, 곡관 등에 따라 그 값이 다르게 사용한다.

$$h_{\ell_m} = K \frac{\overline{V^2}}{2g} \qquad (2.7.1)$$

■ 등가길이

배관 피팅에서 발생하는 부손실(h_{ℓ_m})이 마찰에 의해서 발생된 주손실(h_L)과 같다고 한다면 식 (2.7.2)와 같이 정의할 수 있다. 즉 속도 헤드인 $\overline{V^2}/2g$이 동일할 때 발생하는 손실은 동일하다는 개념으로 시작해야 한다.

$$h_{\ell_m} = K\frac{\overline{V^2}}{2g} = f\frac{L}{D}\frac{\overline{V^2}}{2g} = h_L \tag{2.7.2}$$

식 (2.7.2)에서 속도헤드인 $\overline{V^2}/2g$항이 삭제되므로 식 (2.7.2)는 식 (2.7.3)과 같이 정리할 수 있고, 이를 L로 다시 정리하면 식 (2.7.4)가 된다. 식 (2.7.4)에서 보듯이 부손실에 의한 발생된 손실을 마찰로 인한 손실로 환산한 길이를 유도할 수 있는데 이때 이 길이, L을 등가(상당)길이 L_e라 한다.

$$K = f\frac{L}{D} \tag{2.7.3}$$

$$L = D\frac{K}{f} = L_e \tag{2.7.4}$$

여기서 손실계수 K에 대한 정확한 이해가 필요하다.

▶ 속도, 즉 관성력의 변화에 따라 손실이 증가하기 때문에 항상 일정하다.
▶ Re수 함수가 아니라 기하학적 형상변화에 따른 함수이다.
▶ 적용된 배관 피팅에 따라 다른 값들을 적용해야 한다.
▶ 제안된 연구자들마다 값들이 약간씩 상이하므로 정확한 값은 실험으로 구하여 적용해야 한다.
▶ 등가(상당)길이로 환산하여 길이로 환산하여 상응길이만큼 직관을 확보해주어야 한다.

■ 입구와 출구

입구와 출구의 손실계수는 [표 2.7.1]과 같다. [표 2.7.1]에서 보듯이 출구의 넓은 공간으로 유출되기 때문에 어떠한 형상이던 손실계수의 값은 1.0을 가짐을 알 수 있다.

[표 2.7.1] 입·출구에서 손실계수

입구와 출구의 형상	리엔트런트 형상	예리한 모서리	약간 둥근 모서리			매우 둥근 모서리
입구	0.8	0.5	0.28			0.04
			r/D	0.02	0.06	≥0.15
			K	0.28	0.15	0.04
출구	1.0					

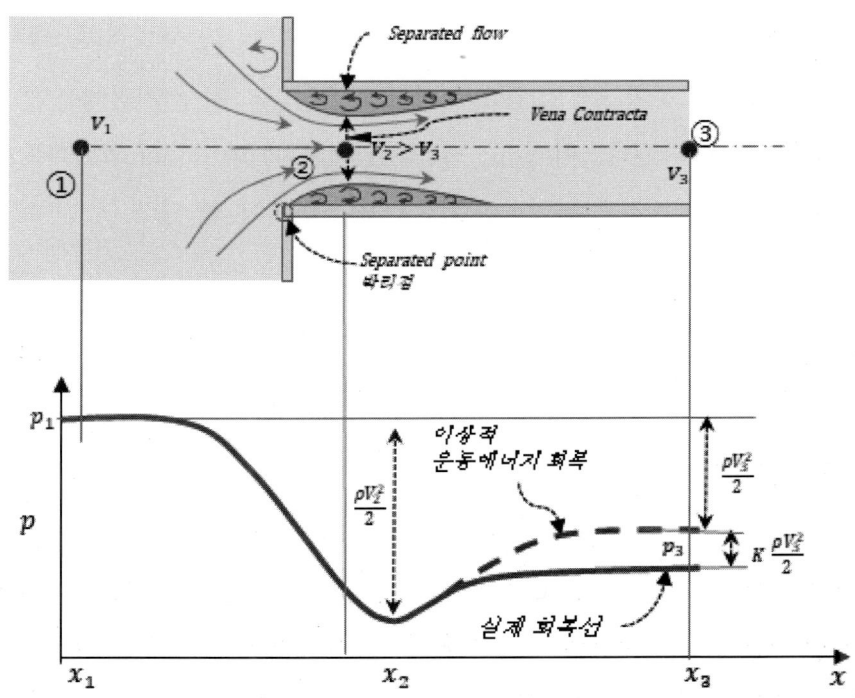

[그림 2.7.2] Vena contracta 현상에 따른 압력강하와 압력회복 현상

■ **Vena Contracta 현상**

 [그림 2.7.2]와 같이 발생하는 축류현상은 E. Torricelli(1643)에 의하여 정리된 이론으로 유선을 기준으로 봤을 때 **단면적이 최소가 되는 지점, 최소면적지점까지 줄어드는 현상을 Vena Contracta**이라 한다. [그림 2.7.2]에서 보듯이 축소된 관내에서 면적이 가장 작고 유체 속도가 최대인 유체 흐름의 지점을 의미한다.

■ **압력회복계수**

 기본적으로 이런 축류현상은 배관내 압력강하를 발생시킨다. 이 압력강하가 유체의 증기압보다 밑으로 떨어지면 캐비테이션 현상이 발생한다. 배관내로 유입되는 유속 V_1이 좁은 관으로 유입되므로, V_2은 V_1보다 커지고, 일정길이(x_3)를 지나면 V_2는 V_3로 증가되면서 관지름이 변하지 않는다면 일정하게 된다.

 베르누이 방정식에 따라 ②점의 압력 p_2는 ①점의 압력 p_1보다 작고, 속도에너지는 [그림 2.7.2] 아래에서 보듯이 $\rho V^2/2$만큼 강하되게 된다. 그 뒤 x_3지점에서 ③지점의 압력은 점차적으로 회복이 된다. 이때 $p_2 - p_1$를 압력회복이라 하고, 압력회복계수는 식 (2.7.5)와 같다. 그러나 실제적으로 입구손실로 인하여 회복이 덜 된다.

$$c_p = \frac{p_2 - p_1}{\frac{1}{2}\rho V_1^2} \tag{2.7.5}$$

■ **급확대와 급축소 관**

 입구와 출구는 탱크에서 지름이 적은 관으로 유입되거나 유출되는 경우, 즉 넓은 공간에서 좁은 공간으로 유입되고 유출되지만, 급확대와 급축소 관의 경우는 [그림 2.7.3]과 같이 배관내 단면변화를 나타내는 것으로 약간의 차이가 있으며 손실이 크다. 급확대와 급축소 관의 손실은 면적비에 따라 변화하게 된다. 이에 대한 급축소 K_C와 급확대 K_E 손실계수를 식 (2.7.6)와 식 (2.7.7)과 같이 나타내었다.

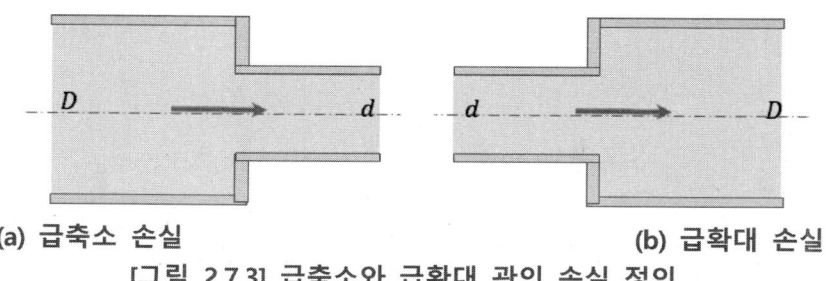

(a) 급축소 손실   **(b)** 급확대 손실

[그림 2.7.3] 급축소와 급확대 관의 손실 정의

$$K_C = 0.42\left(1 - \frac{d^2}{D^2}\right) \tag{2.7.6}$$

$$K_E = \left(1 - \frac{d^2}{D^2}\right)^2 \tag{2.7.7}$$

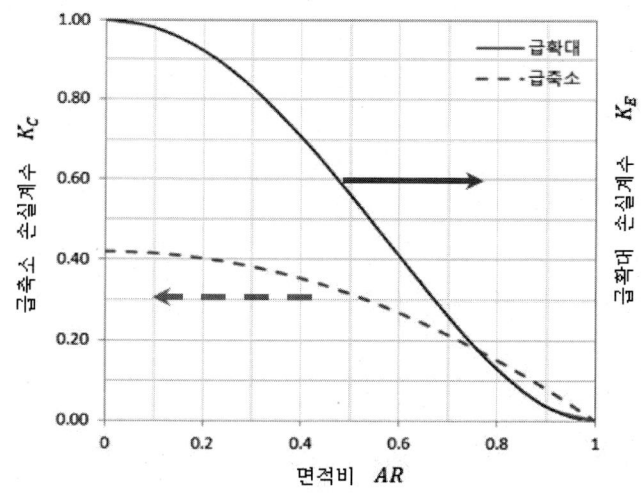

[그림 2.7.4] 면적비에 따른 급축소와 급확대 관의 손실계수

■ 점진 축소와 점진확대

단면이 축소되거나 확대될 때 급축소와 급확대 관보다는 [그림 2.7.5]와 같이 압력 손실을 감소시켜주기 위하여 점진적인 축소와 확대를 생성시켜준 배관재이다. 점진 축소나 점진 확대 이형관 소켓도 또한 면적비에 대한 함수로 사용된다.

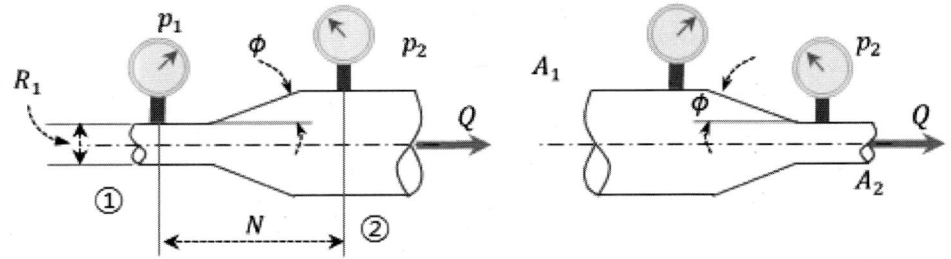

[그림 2.7.5] 점진 축소 및 점진 확대 리듀셔 소켓을 해석하기 위한 개념

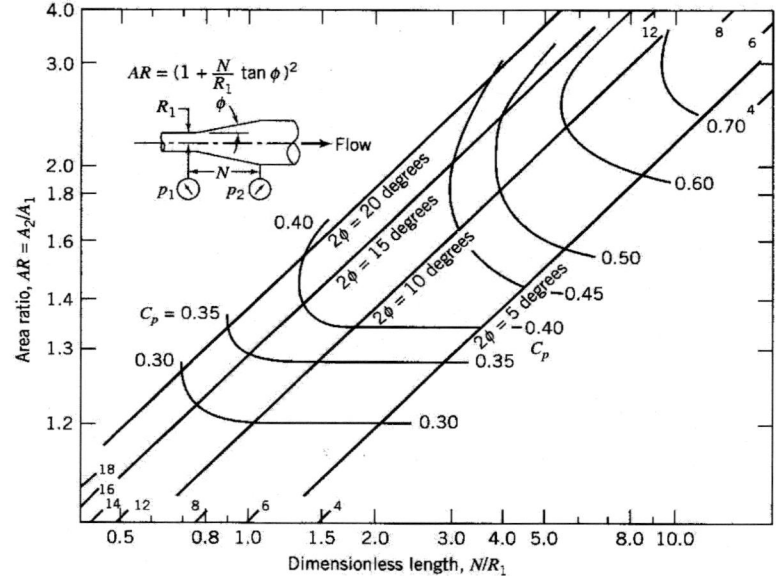

[그림 2.7.6] Cocrell and Bradley의 점진 확대 이형관의 C_p 실험결과

$$C_{p_i} = 1 - \frac{1}{(AR)^2} \tag{2.7.8}$$

$$h_{\ell_m} = \frac{\overline{V_1^2}}{2g}\left[C_{p_i} - C_p\right] \tag{2.7.9}$$

$$K_{GE} = C_{p_i} - C_p \tag{2.7.10}$$

점진확대와 점진축소에서 면적비에 대한 변수를 식 (2.7.8)과 같이 정의한다면 점진확대관의 부손실은 식 (2.7.9)와 같이 정리할 수 있다. 따라서 점진 확대관의 손실계수인 K_{GE}는 식 (2.7.10)과 같이 정리될 수 있다. 이 값은 [그림 2.7.6]과 같이 Cocrell and Bradley의 실험결과를 참조하면 된다. 여기서 Cp_i는 면적비로 구하면 된다. 점진축소의 관에 대한 손실계수 K_{GC}는 [표 2.7.2]와 같이 ASHRAE의 데이터를 이용하여 구할 수 있다. 이때 속도헤드는 $\overline{V_2^2/2g}$인 출구속도를 기준으로 계산된 것이다.

[표 2.7.2] 점차축소 이형관의 각도에 따른 손실계수 값

A_2/A_1	ϕ 10	15-40	50-60	90	120	150	180
0.50	0.05	0.05	0.06	0.12	0.18	0.24	0.26
0.25	0.05	0.04	0.07	0.17	0.27	0.35	0.41
0.10	0.05	0.05	0.08	0.19	0.29	0.37	0.43

■ 곡관

곡관은 배관작업에서 가장 많이 사용되는 부재이다. 따라서 곡관은 엘보우, 벤드라고 하고, 배관조건에 따라 [그림 2.7.7](a)와 같이 곡률이 긴 벤드를 사용하고, [그림 2.7.7](b)와 같이 용접을 하여 사용하는 짧은 곡관도 있다. 이 두 개의 곡관은 대부분 지름이 큰 관들에서 고압의 유체를 송수할 때 용접으로 접합하거나 플랜지를 이용하여 연결한다. 단 관의 지름이 너무 크거나 기존 규격사이즈가 아닐 때는 각도로 나누어 용접하여 제작하거나 플랜지로 연결한다.

이러한 곡관유동은 **곡관을 지나면서 회전하는 헬리컬 유동, 이차 유동 또는 스월 유동이 발생**한다. 따라서 이는 이차유동에 의한 부손실을 논하기 전에 [그림 2.7.8]과 같이 곡관 뒤에 유량계와 같은 계측기나 펌프가 있다면 반드시 스트레이너와 같은 장치들을 설치하여 곡관에 의한 발생된 헬리컬 유동을 안정화시켜주어야 변동이 없는 계측 값이나 안정된 펌프의 운전을 확보할 수 있다. 만약 배관의 설치적인 공간적 여유가 있다면 주손실에 공부한 식 (2.7.2)의 등가길이 만큼 확보한 후 설치하면 된다. 이러한 스트레이너와 같은 장치는 유동을 안정화시켜주는 장점이 있지만 압력

손실을 증가시키는 단점이 있어 최대한 최적의 형상을 제안해주어야 하며, 반드시 설치 전에 실험이나 CFD를 통하여 타당성을 검토하여야 한다.

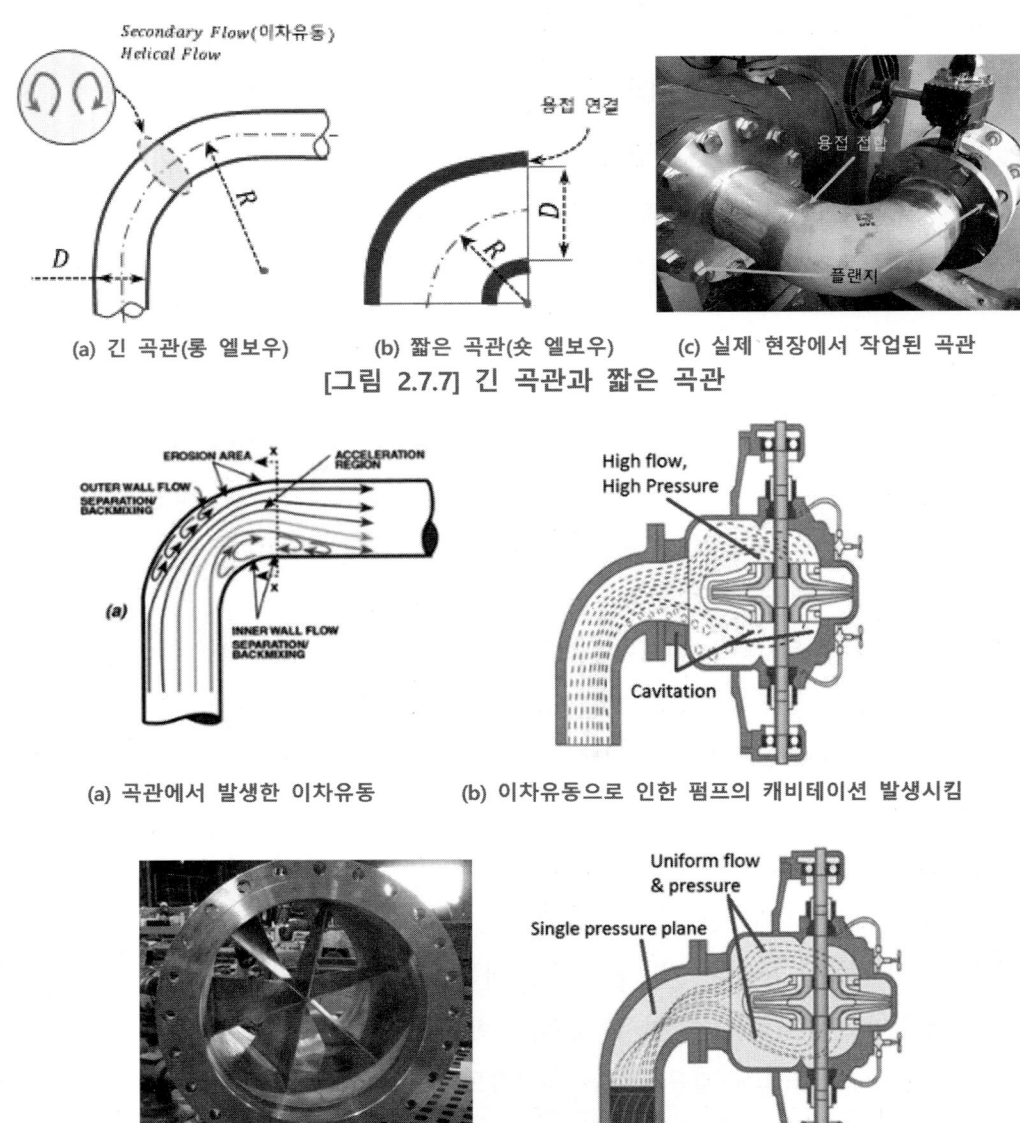

(a) 긴 곡관(롱 엘보우)   (b) 짧은 곡관(숏 엘보우)   (c) 실제 현장에서 작업된 곡관

[그림 2.7.7] 긴 곡관과 짧은 곡관

(a) 곡관에서 발생한 이차유동   (b) 이차유동으로 인한 펌프의 캐비테이션 발생시킴

(c) 스트레이너의 예   (d) 스트레이너에 의한 안정화된 펌프내 유동

[그림 2.7.8] 곡관에서 발생된 이차유동에 의한 현상을 제어하기 위한 스트레이너

이러한 곡관의 손실계수는 [그림 2.7.9]와 같다. [그림 2.7.9]에는 상대조도에 따라 손실계수값을 나타냈는데, 매끄러운 관 즉 신관의 경우에 보통 $K_E = 0.15$의 값을 갖는다. 보통 R/D의 값이 적은 즉 [그림 2.7.7](b)와 같이 숏 엘보우의 경우 손실계수가 커짐을 알 수 있다. 따라서 될 수 있으면 설치공간을 고려하여 R/D이 $4 \sim 6$이 되도록 배관작업을 해주는 것이 바람직하다.

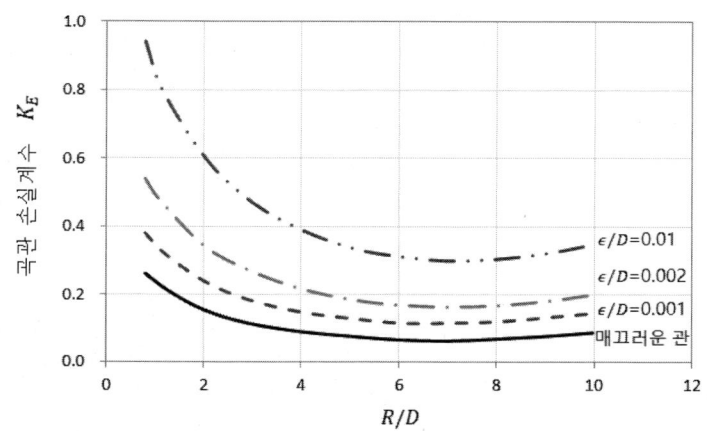

[그림 2.7.9] R/D에 따른 곡관에서의 손실계수(white 책)

곡관 중에 [그림 2.7.10]과 같이 소켓으로 연결하는 곡관이 있다. 이러한 곡관은 현장에서 가스배관, 황동, PVC 배관 소형관 등에서 많이 사용된다. 이런 곡관류는 공구상가에서 쉽게 지름별로 구매할 수 있으므로 간단한 배관작업에서 많이 사용하게 되는데 손실계수는 다음과 같다.

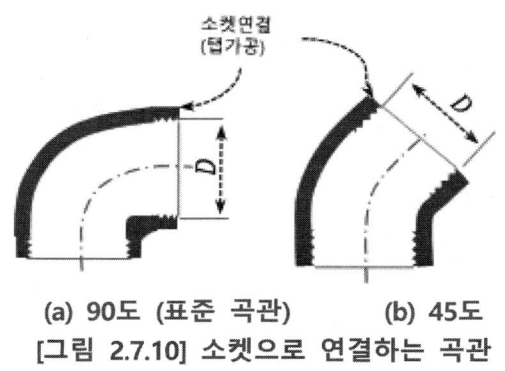

(a) 90도 (표준 곡관)   (b) 45도
[그림 2.7.10] 소켓으로 연결하는 곡관

- ▶ $90°$ 표준 곡관 : $K_E = 1.5$
- ▶ $90°$ 긴 곡관 : $K_E = 0.7$
- ▶ $45°$ 표준 곡관 : $K_E = 0.4$

■ Mitre Bend

곡관 중에 [그림 2.7.11](a)와 같이 일반적으로 $45°$각도로 결합할 두 조각 각각을 경사지게 하여 모서리를 만들고, 일반적으로 $90°$각도를 형성하여 만든 조인트이다. 마이터 벤드의 종류는 배관연결방법에 따라 [그림 2.7.11](b)와 [표 2.7.3]과 같이 다양하게 존재하고 이에 실험데이터를 제시하였다. 이 실험 결과 값은 Hydraulic Institute, Engineering Data Book을 참조하였으며, 좀 더 복잡한 경우는 HI규격을 참조하면 된다.

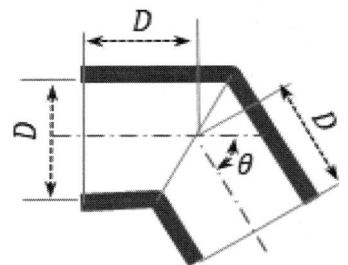

(a) 마이터 밴드의 개념   (b) 실제 현장에서 작업된 곡관(Mitre bend)

[그림 2.7.11] 마이터 벤드

[표 2.7.3] 다양한 마이터 벤드의 손실계수 값($Re = 2.25 \times 10^5$)[25]

형상	5°	10°	15°	22.5°
매끄러운 관	0.016	0.034	0.042	0.066

---

25) Hydraulic Institute, Engineering Data Book, Second Edition, 1990, Table 33.

■ 밸브

밸브는 배관시스템에서 유량을 제어하는데 사용하는 부품으로 산업현장에서 가장 많이 사용되는 대표적인 5개의 밸브에 대하여 형상, 단면형상과 손실계수를 [표 2.7.4]와 같이 제시하였다. 여기에는 부손실에 따른 상등길이도 제시하였으므로 압력회복 길이를 계산하여 배관 설계에 반영하자.

[표 2.7.4] 다양한 밸브의 손실계수값

밸브 명칭	단면형상	전체 형상	손실계수	상등길이
게이트 밸브 Gate Valve			▶ 완전개방 : 0.15 ▶ 1/4 폐쇄 : 0.26 ▶ 1/2 폐쇄 : 2.10 ▶ 3/4 폐쇄 : 17.0	8
글로우 밸브 Glove valve			▶ 완전 개방 : 10.0	340
앵글 밸브 Angle Valve			▶ 완전 개방 : 2.0	150
스윙-체크 밸브 Swing-Check Valve			▶ 순방향 : 2.0 ▶ 역방향 : ∞	▶ angle lift :55 ▶ globe lift :600
볼 밸브 Ball Valve			▶ 완전개방 : 0.05 ▶ 1/2 폐쇄 : 0.55 ▶ 2/3 폐쇄 : 210	3

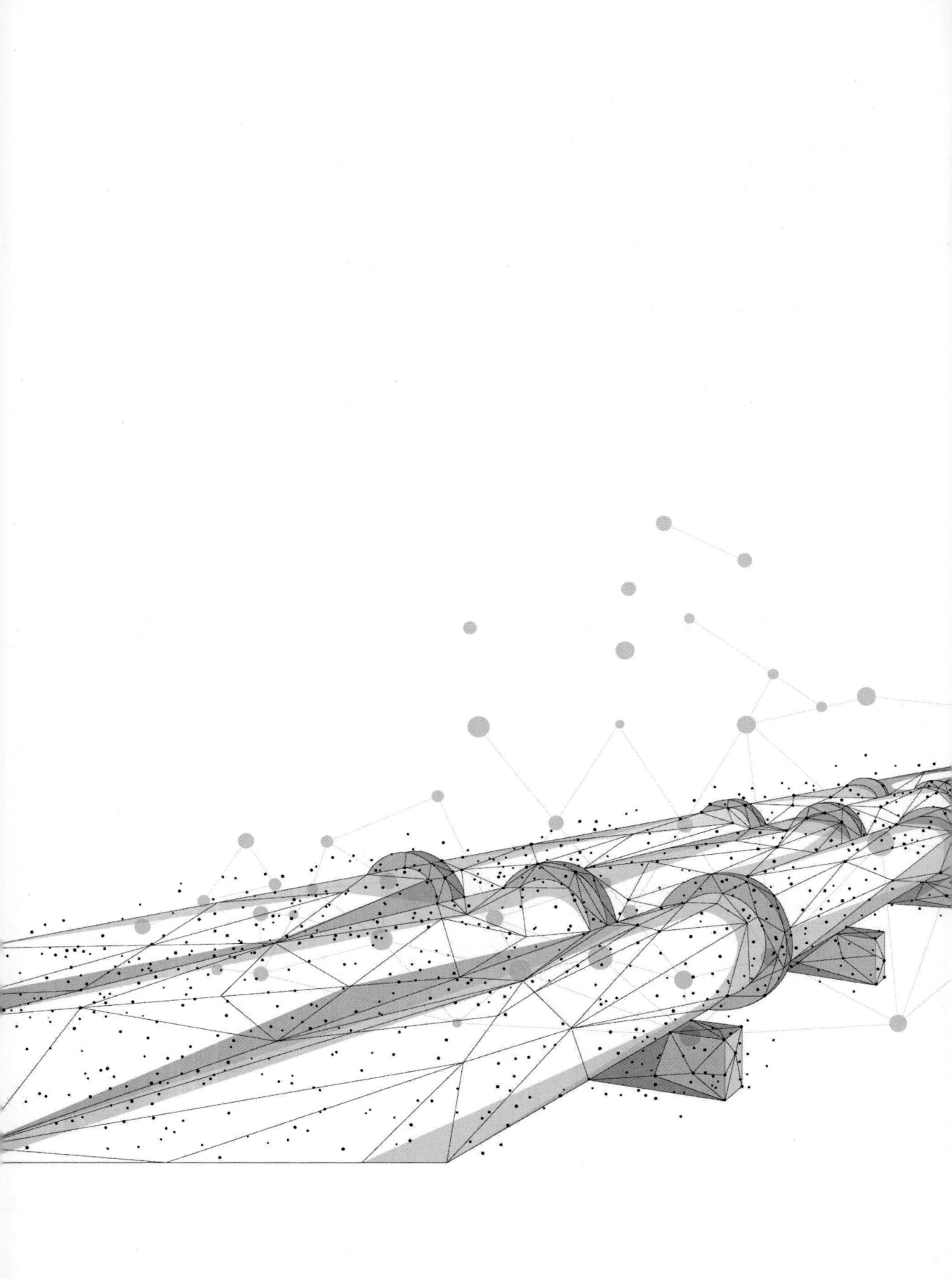

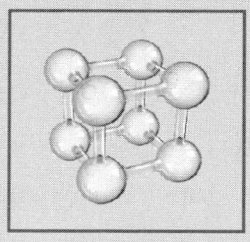

제3장 외부유동

[그림 3.1.1]과 [그림 3.1.2]와 같이 물체 즉 비행기, 자동차나 잠수함, 골프공 등이 어떤 경계에 닫혀있지 않는 속을 날아갈 때 유동현상을 외부유동이라 한다. 외부유동에서는 접근하는 유동에 의하여 물체에 작용하는 힘들을 주로 공부하게 된다.

[그림 3.1.1] 1903년에 실용적인 비행에 성공한 라이트 형제의 비행기

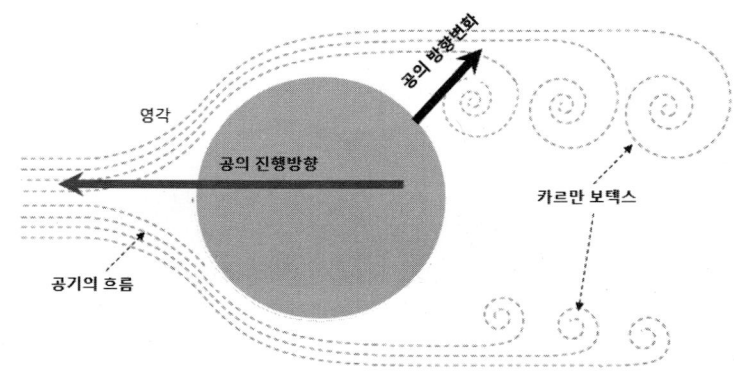

[그림 3.1.2] 공이 날아가면서 카르만 보텍스 때문에 불규칙하게 변하는 공

우리 주변에서 많이 보는 운송기구인 항공기나 자동차가 **빠른** 속도로 공기 속을 운전될 때 [그림 3.1.3]과 같이 물체가 유체로부터 받는 힘인 항력과 양력이 작용한다. 이런 항공기는 항력을 줄여주고 양력을 최대로 발휘하도록 하여야 하지만 자동차와 같은 경우는 양력을 억제시키면서 항력을 최대로 감소하는 형상을 갖도록 설계해야 한다. 만약 [그림 3.1.4]와 같이 같은 속도와 같은 투영 면적이 같을 때 승합차와 자동차의 항력계수가 다름에 따라 추력이 감소되기 때문이다. 유체 내에서 유선형 물체를 움직이게 하는 것이 뭉툭한 물체를 움직이게 하는 것보다 훨씬 힘이 덜 소모된다는 의미이다.

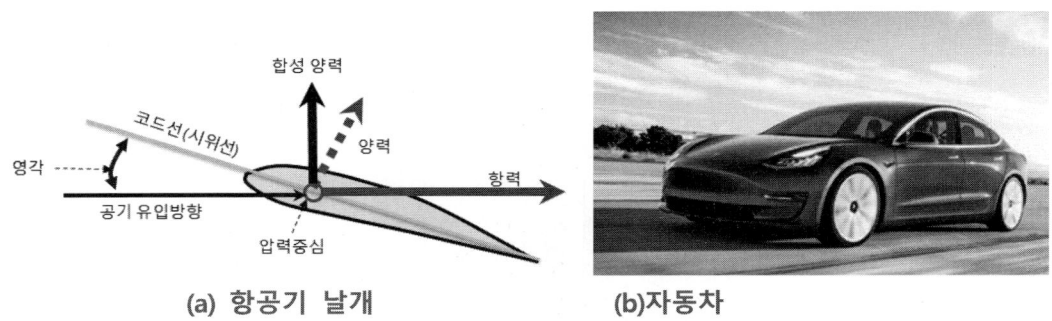

(a) 항공기 날개   (b) 자동차

[그림 3.1.3] 운송기구에 작용하는 힘

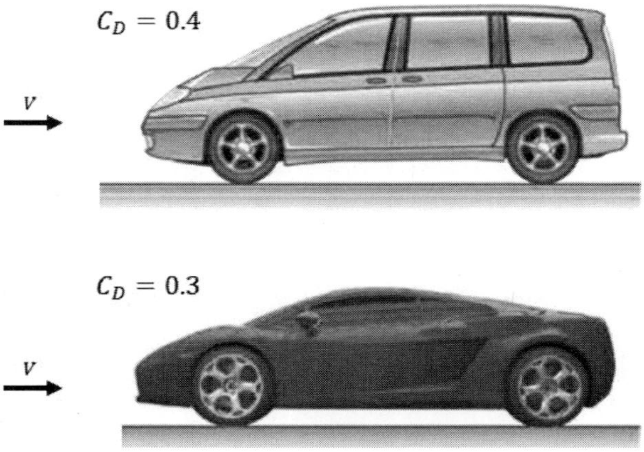

$C_D = 0.4$

$C_D = 0.3$

[그림 3.1.4] 항력계수가 다른 자동차

3.2 유동박리

유동박리현상은 매우 빠른 속도에서는 유체의 흐름이 물체의 표면으로부터 이탈되는 현상이다. 이러한 현상은 [그림 3.2.1]과 같이 내부유동이나 외부유동 모두에서 발생하는 현상이다. 여기서 재부착지점도 중요한 인자가 된다.

박리되는 지점의 위치는 Re수, 표면조도, 그리고 자유흐름의 변동 정도 등 몇 가지 요인들과 관계되는데, 날카로운 모서리나 고체표면의 갑작스런 변화를 제외하고는, 이러한 박리점을 정확히 예측하기는 일반적으로 어려운 경우가 많다.

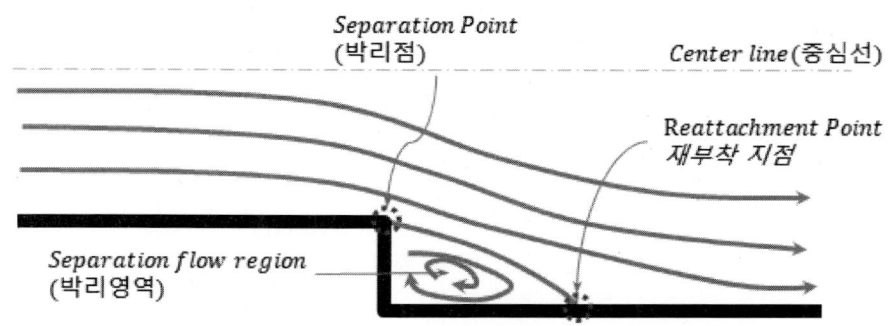

[그림 3.2.1] 유동박리를 설명하기 위한 후향 계단 유동

[그림 3.2.1]에서 보듯이 박리 영역은 유체가 물체로부터 박리될 때, 물체와 유동 사이에는 영역을 의미한다. 또한 재순환현상과 역류가 발생하는 이러한 물체 후방의 낮은 압력영역을 박리영역이라고 한다.

이러한 박리영역이 커질수록 압력항력은 커지게 된다. 유동박리는 물체에서 멀리 떨어진 하류까지 영향을 미치며, 그 영향을 받은 영역의 속도는 상류속도에 비하여 감소하게 된다. 또한 물체의 영향이 속도에 미치는 물체 후방의 유동영역에서 후류 Wake가 발생한다. 따라서 경계층, 박리영역, 그리고 후류에서 매우 중요한 인자는 점성의 효과 때문이다.

3.3 역압력 구배

[그림 3.3.1]과 [그림 3.3.2]는 대표적인 외부유동을 나타내는 익형과 구주위의 유동이다. [그림 3.3.2]에서 보듯이 원기둥 후면을 본다면 난류로 가면 갈수록 유동박리점이 C 점에서 D와 E점으로 당겨지게 된다. Prandtl은 [그림 3.3.2]에서 경계층내 벽근처에서 운동량의 손실로 인하여 박리점은 층류보다 앞으로 당겨진다고 하였다. 이러한 현상은 [그림 3.3.1]인 익형에서 같은 개념으로 설명될 수 있다.

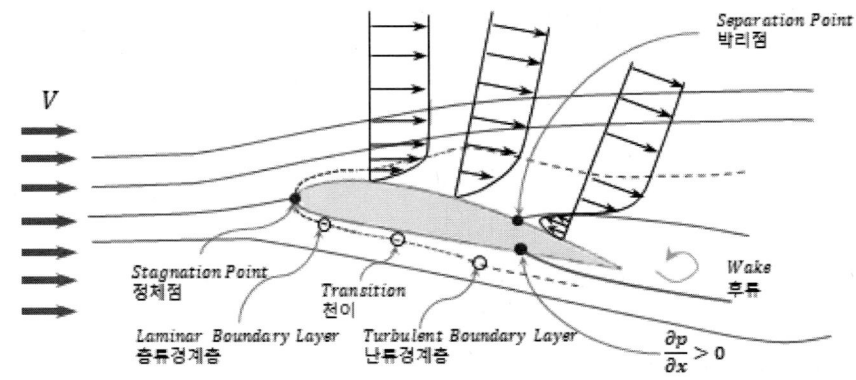

[그림 3.3.1] 익형 주위의 유동

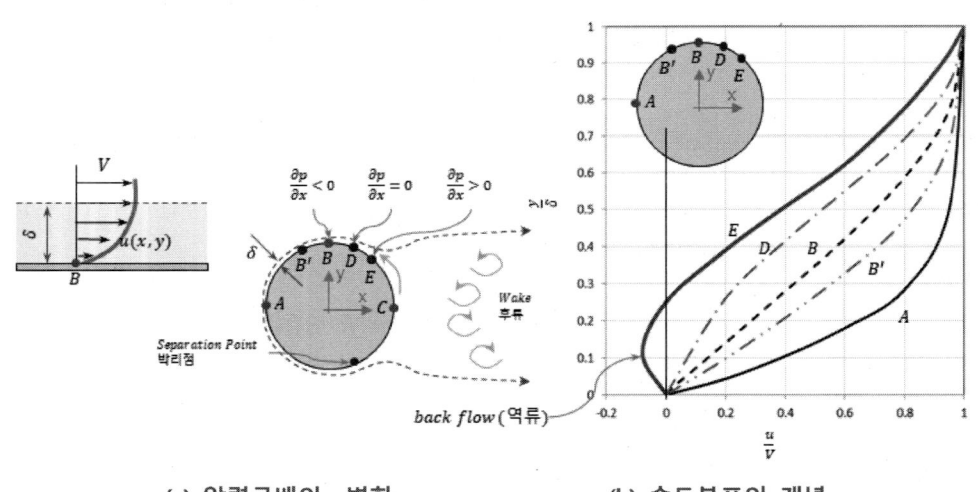

(a) 압력구배의 변화   (b) 속도분포의 개념

[그림 3.3.2] 압력구배의 변화와 유동박리점 그리고 이에 따른 속도분포의 개념

식 (3.3.1)에서 식 (3.3.3)까지 이러한 지점에서 압력구배가 변화되게 된다. 즉 식 (3.3.1)와 같은 순압력 구배에서 식 (3.3.3)과 같은 역압력 구배로 바뀌게 된다고 하였다. 즉 D점인 유동 박리점에서 벽면압력구배는 0이고 그 뒤 바로 뒤인 E점에서는 압력구배가 양(+)의 값을 갖게 되고 $p_2 - p_1$의 값이 양의 값이라는 것은 후류의 압력이 크다는 것을 의미한다. 반면에 박리점 앞 점인 B점에서는 압력구배는 음(-)의 값을 갖는다.

$$\left.\frac{dp}{dx}\right|_B < 0 \quad : \text{순압력 구배} \tag{3.3.1}$$

$$\left.\frac{dp}{dx}\right|_D = 0 \quad : \text{박리점} \tag{3.3.2}$$

$$\left.\frac{dp}{dx}\right|_E > 0 \quad : \text{역압력 구배} \tag{3.3.3}$$

3.4 항력

항력은 운동방향에 평행한 힘의 성분이다. 이러한 힘은 식 (3.4.1)과 같이 이론적으로 구해야 하지만, 평판이 아닌 형상일 경우에는 이론적으로 구할 수 없기 때문에 차원해석과 실험적인 방법을 통하여 구해야 한다.

$$F_D = \int dF_x = \int p\cos\theta dA + \int \tau_w \sin\theta dA \tag{3.4.1}$$

$$C_D = \frac{F_D}{\frac{1}{2}\rho V^2 A} \tag{3.4.2}$$

식 (3.4.2)의 항력계수에서 A는 면적으로써, 적용되는 물체에 따라 힘의 종류에 따라 보통 3가지 개념으로 적용된다.

▸ 정면 면적 Frontal Area :

- 유동방향에서 물체를 보았을 때 보이는 면적
- 구, 실린더, 자동차, 발사체등과 같은 물체에 적용
- 항력에서 사용되는 면적

‣ 평면 면적 Planform Area :
- 위에서 보았을 때 면적, 날개나 익형과 같이 넓고 평탄한 물체
- 양력에서 사용되는 면적

‣ 접수 면적 Wetted Area
- 평판 및 배나 바지선과 일부 잠겨 있는 물체

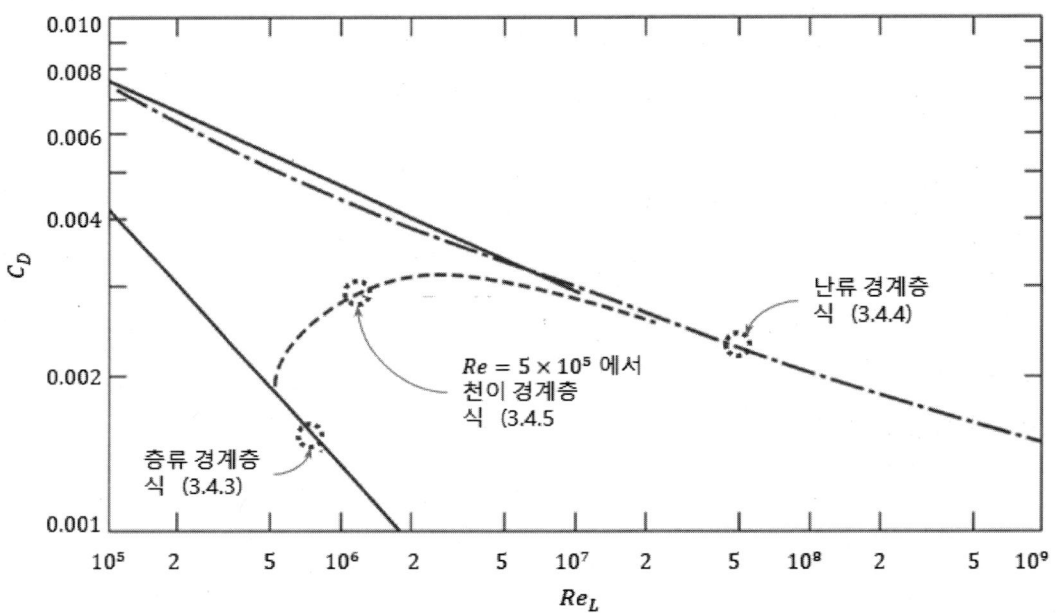

[그림 3.4.1] 유동에 평행한 매끈한 평판에서 Re에 따른 항력계수의 변화 (Fox책)

유동에 평행한 평판주위의 흐름의 항력은 [그림 3.4.1]과 같이 Re_L에 따라 변화한다. 식 (3.4.3)과 식 (3.4.4)와 같다. 식 (3.4.3)은 층류유동과 식 (3.4.4)은 난류유동의 항력계수이다. [그림 3.4.1]에 나타낸 천이영역의 항력계수는 식 (3.4.5)와 같다. 또한 식 (3.4.6)와 같이 표면조도와 같은 인자들의 복합적인 영향에 따라 항력계수가 변화된다.

$$C_{D,Lam} = \frac{1.46}{\sqrt{Re_L}} \tag{3.4.3}$$

$$C_{D,Lam,Blasisu} = \frac{1.328}{\sqrt{Re_L}} \tag{3.4.4}$$

$$C_{D,transition} = \frac{0.455}{(\log Re_L)^{2.58}} - \frac{1610}{Re_L} \quad \left(5 \times 10^5 < Re_L < 10^9\right) \tag{3.4.5}$$

$$C_{D,rough\,wall} = \left(1.89 + 1.62\log\frac{L}{\epsilon}\right)^{-2.5} \tag{3.4.6}$$

원통 주위의 유동은 관 내부를 흐르는 내부유동과 관 외부를 흐르는 외부유동을 동시에 볼 수 있다. 본 절에서 관심 있는 유동으로 구 주위 유동으로 축구, 테니스, 그리고 골프 등과 같은 많은 스포츠에서 구형 볼 주위 유동과 관련된다.

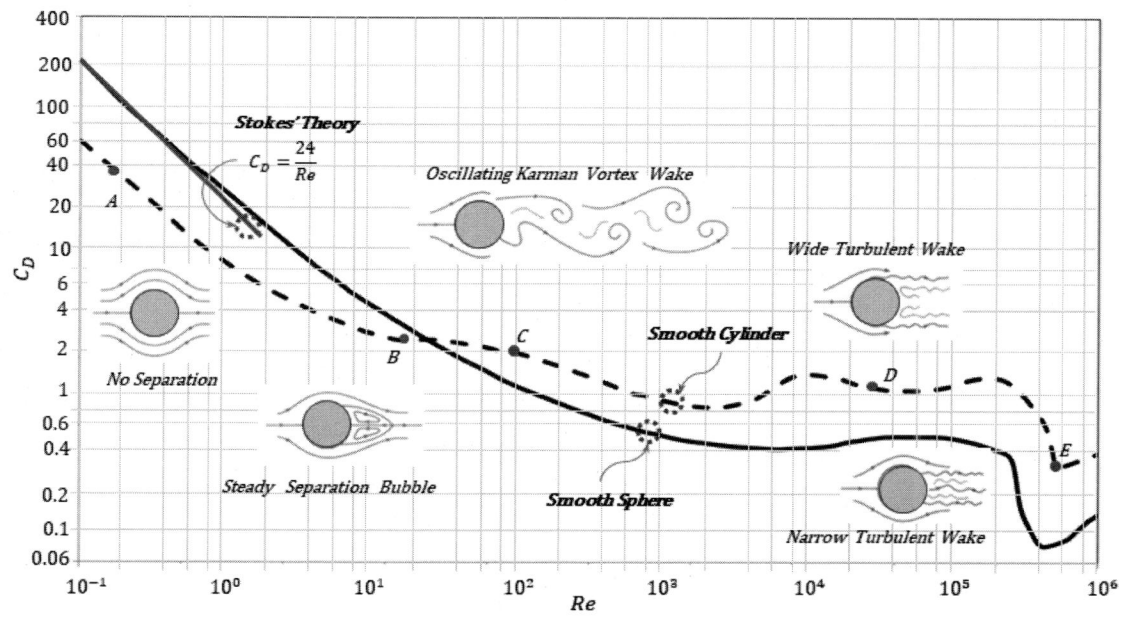

[그림 3.4.2] Re수 증가에 따른 구와 실린더의 항력계수 변화(Munson's et al. 자료)

이 2가지 형태 주위의 유동은 3차원적으로 보면 다른 유동장이나 유입속도를 기준으로 보면 원형 실린더나 구의 특성길이를 지름 D라 할 때, 항력을 받는 단면을 2차원으로 보면 같은 사각형 형상이므로 동일하게 간주하여 해석을 한다. [그림 3.4.2]를 보면 Re수의 증가에 따라 항력계수가 감소하면서 10^5의 영역에서 일정하게 나타내는 경향은 2가지 형태의 유동이 유사하다는 것을 의미한다.

이런 구나 실린더 주위의 유동은 상류 속도가 매우 낮을 때 즉 $Re \ll 1$로 매우 작은 크리핑 유동의 경우에는 [그림 3.1.2]와 [그림 3.4.2]내 A점에서 보듯이 유체는 실린더 주위를 완전히 감싸게 되고 구에서 유동박리가 생기지 않고 후류는 층류이고 항력은 대부분의 마찰항력이 대부분이다. 이러한 유동을 스톡스 유동 또는 크리핑 유동이라 하는데 식 (3.4.7)과 같이 구에 작용하는 항력계수가 일정하다. 이때 작용하는 항력은 식 (3.4.8)과 같이 구할 수 있다. 식 (3.4.8)를 **스톡스 법칙**이라고 하고 관성력보다는 점성이 지배적인 유동에서 공기 중의 먼지입자나 물에 떠 있는 입자를 추적 해석시 사용한다.

$$C_D = \frac{24}{Re} \tag{3.4.7}$$

$$F_D = C_D A \frac{\rho V^2}{2} = \frac{24}{Re} \frac{\pi D^2}{4} \frac{\rho V^2}{2} = \frac{24\mu}{\rho VD} \frac{\pi D^2}{4} \frac{\rho V^2}{2} = 3\pi \mu VD \tag{3.4.8}$$

Re수가 더 증가하게 되면 [그림 3.4.2]에서 보듯이 Re수가 1,000까지는 지속적으로 감소하는 양상을 나타내지만, 식 (3.4.7)의 수식과 일치하지도 않고 지속적으로 감소하게 된다. 그러한 이유는 [그림 3.4.2]내 C점에서 보듯이 후류영역에서는 주기적인 후류가 형성되고 이곳에서는 정체점에서의 압력보다 훨씬 낮은 압력이 나타나고 항력계수 값이 변하기 때문이다. 후류영역에서는 상대적으로 압력이 낮고 이로 인해 압력항력이 커지게 되고 Re수가 1,000에서는 총 항력의 약 95%가 압력항력에 의한 것이다.

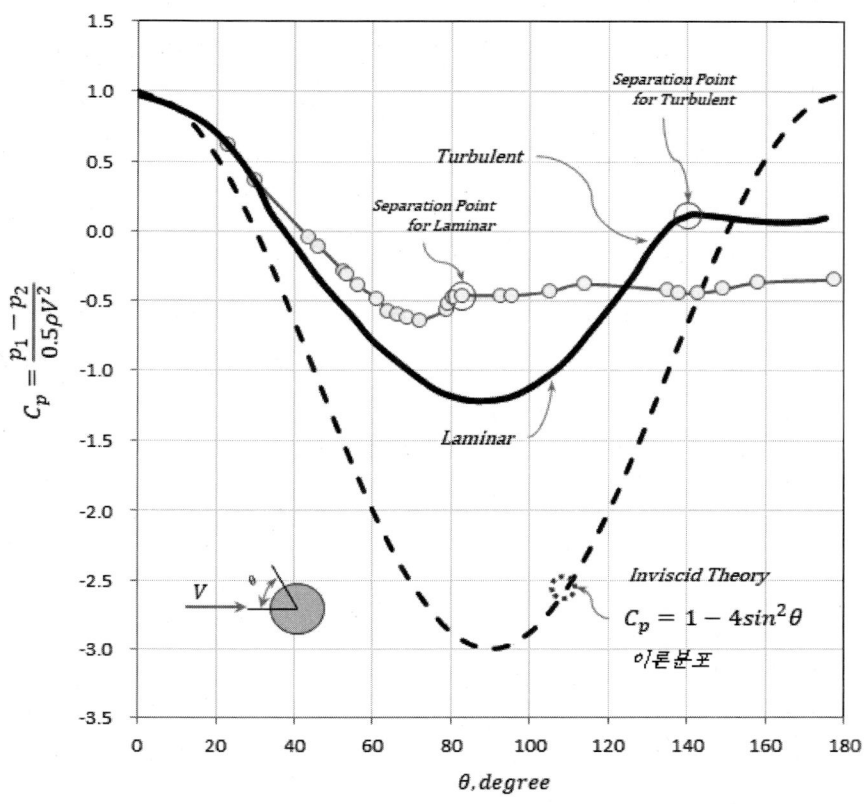

[그림 3.4.3] 비점성유동과 비교한 층류 및 난류 경계층 유동에 대한 매끈한 구 주위의 압력분포(Fage.의 데이터)

[그림 3.4.3]에서 보면 경계층이 층류일 경우 유동박리는 $\theta = 80°$(실린더의 정체점에서부터 측정될 때) 근처에서, 경계층이 난류일 경우 유동박리는 $\theta = 140°$ 근처에서 나타난다. 결과적으로 난류 경계층은 박리점을 늦출 수 있고 이는 압력항력을 감소시키게 된다. 즉 이런 난류유동에서의 박리 지연 현상은 유체의 빠른 횡방향 변동에 따른 것이며, 이에 따라 박리 시작 전까지 난류 경계층이 표면을 따라 보다 멀리 이동할 수 있게 하며, 그 결과 보다 좁은 후류 그리고 보다 작은 압력항력을 초래하고 난류경계층은 층류경계층보다 운동량이 더 많으므로 역압력 구배에 더 잘 견딜 수 있게 된다.

골프공의 경우, 경계층에서 **난류 시작 시 발생하는 항력계수의 급격한 감소**를 이용하기 위하여 일부러 표면(딤플)을 거칠게 만들어 낮은 Re수에서 난류를 유도한다. (일반적으로 골프공의 속도 범위는 $15 \sim 150\,[m/s]$이므로 Re수는 4×10^5보다 작기 때문이다). 이 Re수는 나타나는 **난류유동에 딤플을 만들어 주므로 항력계수를 약 1/5정도 감소시킬 수 있으며**, 이에 보다 멀리 날아가도록 할 수 있다. 이것이 골프공에 딤플을 만들어 주는 이유이다. 야구공은 봉합선을 만들어 이에 대한 원리를 실현시켜 주었지만 탁구공의 경우, 속도가 느리고 볼도 작아 유동장이 난류영역에 도달하지 못하기 때문에 탁구공의 표면은 매끈하게 만들 수밖에 없는 이유도 있다.

골프공의 딤플제작은 표면조도 증가로 생각할 수 있다. 그러나 난류유동에서 항력계수를 증가시키지만 원형 실린더나 구와 같은 뭉툭한 물체의 경우, 표면조도가 증가시킴으로써 [그림 3.4.4]에서 보듯이 실제 항력계수를 줄일 수 있는 특징을 가지고 있다.

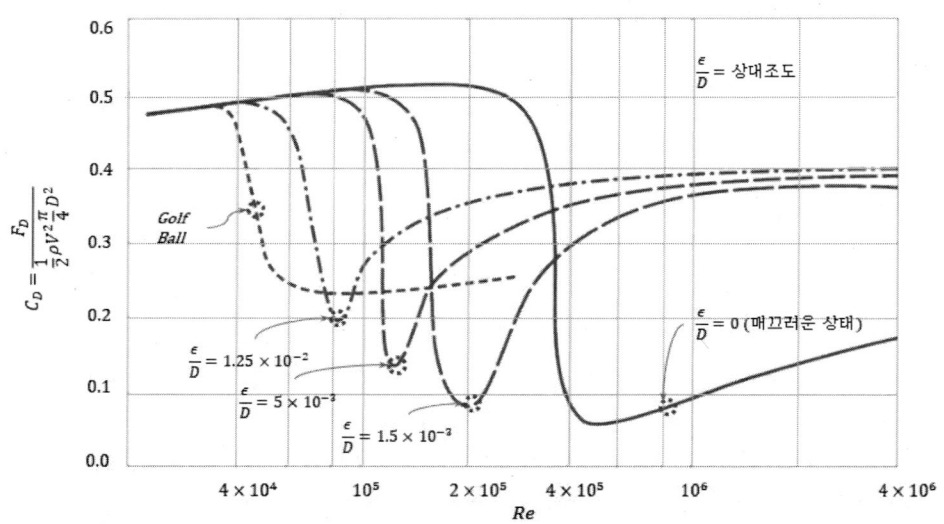

[그림 3.4.4] 표면조도가 구의 항력계수에 미치는 영향(Munson's et al. 자료)

[그림 3.4.5]에는 일정한 종횡비를 갖는 다양한 형상에서 Re수 변화에 따른 항력계수를 나타내었다. [그림 3.4.5]에서 보듯이 유동과 수평인 평판이 항력이 제일 작고 유동에 수직한 평판이 가장 항력이 큼을 알 수 있다. 이러한 평판을 제외했을 때 원형태의 물체가 가장 크고, 점점 유선화되면서 항력이 감소됨을 알 수 있다.

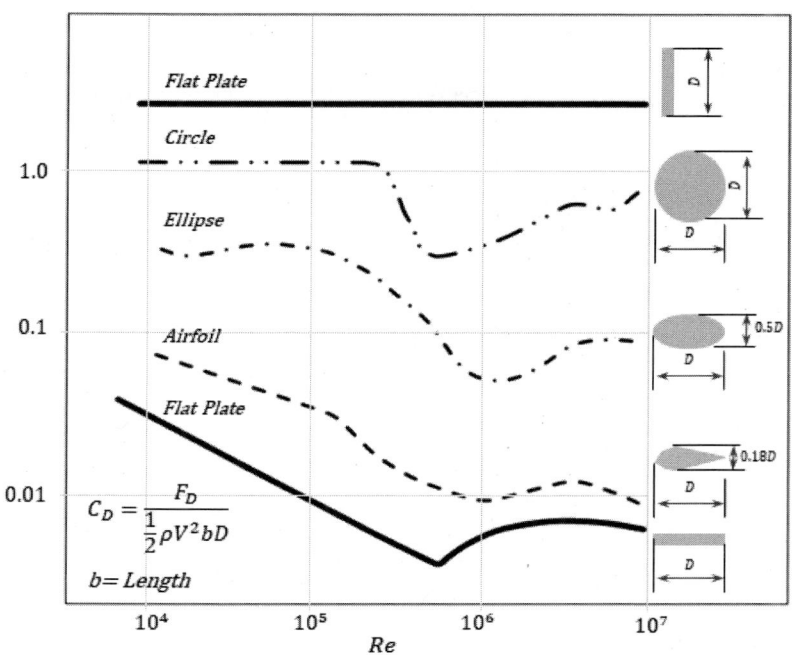

[그림 3.4.5] 일정한 종횡비를 갖는 다양한 형상에서 Re수 변화에 따른 항력계수
(Munson's et al. 자료)

 또한 [표 3.4.1]에서 [표 3.4.3]까지 원형이 아닌 형태의 여러 물체들과 관련된 항력계수를 제시하였다. [표 3.4.1]의 항력계수는 주로 $Re \geqq 10^3$일 때의 Hoerner의 자료를 주로 언급하였으며 부족한 자료는 여러 연구자들의 자료를 참조하였다. [표 3.4.1]에는 크리핑 유동으로 불리는 낮은 Re수 유동 ($Re \ll 1$)에서는 관성력이 무시할 정도로 작아 유동이 물체를 부드럽게 감싸며 흐르게 되므로 동일한 형상일 때의 항력계수도 같이 나타내었다. [표 3.4.1]와 [표 3.4.3]에서 나타낸 항력계수 값은 같은 형태이지만 연구자들마다 약간의 차이를 보이고 있다. 따라서 특이한 형상의 물체관련 항력계수는 실험을 통하여 평가하는 것이 가장 정확하다.

[표 3.4.1] 몇 가지 물체의 항력계수[26]

물체	형상		C_D ($Re \geq 10^3$)		
사각 프리즘		$b/h = \infty$	2.05		
		$b/h = 1$ (정사각형)	1.05		
원형 디스크			1.17 또는 1.1	$Re \ll 1$ (Creep flow)	$C_D = \dfrac{20.4}{Re}$
					$C_D = \dfrac{13.6}{Re}$
반구 (상류쪽으로 열림)			1.42 또는 1.2		$C_D = \dfrac{22.2}{Re}$
반구 (하류쪽으로 열림)			0.38 또는 0.4		
링			1.20		
C형 단면 (상류쪽으로 열림)			2.30		
C형 단면 (하류쪽으로 열림)			1.20		
낙하산			1.20		

[26] **Hoerner**의 **Data, Fox**책에서 인용

[표 3.4.2] 몇 가지 물체의 항력계수[27]

형상	C_D ($Re \geq 10^4$)							
Rounded nose section:	L/H	0.5	1.0	2.0	4.0	6.0		
	C_D	1.16	0.90	0.70	0.68	0.64		
Flat nose section	2차원 사각단면							
	L/H	0.1	0.4	0.7	1.2	2.0	2.5	3.0	6.0
	C_D	1.9	2.3	2.7	2.1	1.8	1.4	1.3	0.9
Short cylinder, laminar flow:	3차원 짧은 실린더							
	L/D	1.0	2.0	3.0	5.0	10.0	20.0	40.0	∞
	C_D	0.64	0.68	0.72	0.74	0.82	0.91	0.98	1.20
Cone:	θ	10	20	30	40	60	75	90	
	C_D	0.30	0.40	0.55	0.65	0.80	1.05	1.15	
Pine and spruce trees	$V[m/s]$	10.0	20.0	30.0	40.0			
	C_D	1.2 ± 0.2	1.0 ± 0.2	0.7 ± 0.2	0.5 ± 0.2			
Porous parabolic dish [23]:	Porosity	0.0	0.1	0.2	0.3	0.4	0.5	
	←C_D	1.42	1.33	1.20	1.05	0.95	0.82	
	→C_D	0.95	0.92	0.90	0.86	0.83	0.80	
Average person:	서 있는 경우 $C_D A = 0.84\,[m^2]$				앉아 있는 경우 $C_D A = 0.56\,[m^2]$			

27) White. F M. - Fluid Mechanics

[표 3.4.3] 자동차와 자전거의 항력계수[28]

물체	종류와 C_D ($Re \geq 10^4$)			
자전거	Upright	Racing	Drafting	With fairing
	$A = 0.51\,[m^2]$	$A = 0.36\,[m^2]$	$A = 0.36\,[m^2]$	$A = 0.46\,[m^2]$
	$C_D = 1.1$	$C_D = 0.9$	$C_D = 0.5$	$C_D = 1.2$
자동차	SUV	승용차		트레일러
	$C_D = 0.4$	$C_D = 0.3$		Without fairing $C_D = 0.96$ With fairing $C_D = 0.76$

■ 차량의 항력계수

 차량의 항력계수는 [표 3.4.3]과 같이 대형 트레일러의 경우 1.0에서 미니밴의 경우 0.4, 승용차의 경우 0.3, 경주용차의 경우 0.2까지 달라진다. 이론적인 하한 값은 약 0.1을 갖는다. 일반적으로, 차량이 뭉툭할수록 항력계수는 크게 나타난다. 트레일러 전방 부 상단에 유선형의 덮개를 설치함으로써 트레일러의 정면 표면을 보다 유선형 화 시키고, 이로서 항력계수를 약 20% 줄일 수 있다. 일반적으로 고속에서 항력감소에 의한 연료절약의 비율은 항력감소 비율의 50%정도가 된다. 공기역학적으로 설계된 최신형 자동차 주위의 유선은 [그림 3.4.6]과 같이 모든 자동차에서 후방 영역을 제외하고는 이상적인 포텐셜 유동(마찰이 무시되는)에서 나타나는 유선들과 비슷하며 따라서

---

[28] 한밭대학교 차동진 교수 강의자료

낮은 항력계수를 갖는다.

이러한 항력계수는 [그림 3.4.6](a)와 같이 풍동실험을 통하여 공기역학적으로 설계를 하여 자동차 주위의 유선을 검토하여 전방영역에서 후류나 유동박리가 발생하지 않도록 유선형으로 설계하고 후방 영역의 후류를 제어하여 낮은 항력계수를 갖도록 설계를 해야 된다. [그림 3.4.6](b)와 같이 지난 100년간 항력계수를 줄이기 위하여 자동차의 형태가 어떻게 변경되었는지 알 수 있다.

(a) 유동가시화 실험

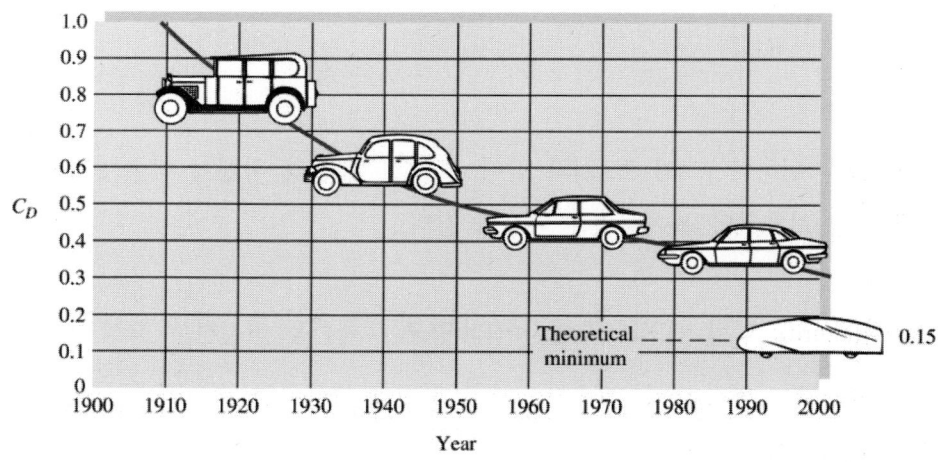

(b) 연도에 따른 차량의 항력계수 감소를 나타내는 차량 형상 변화
[그림 3.4.6] 차량의 항력계수를 구하기 위한 풍동실험

3.5 양력

양력은 압력과 전단력의 성분 중 유동방향에 수직인 성분은 물체를 수직 방향으로 움직이려 하는 힘을 의미한다. 이 양력은 [그림 3.5.1]과 같이 비행기 날개의 형상과 위치는 항력을 최소화하면서 비행 중에 식 (3.5.1)와 식 (3.5.2)과 같이 충분한 양력을 발생시키도록 설계된다.

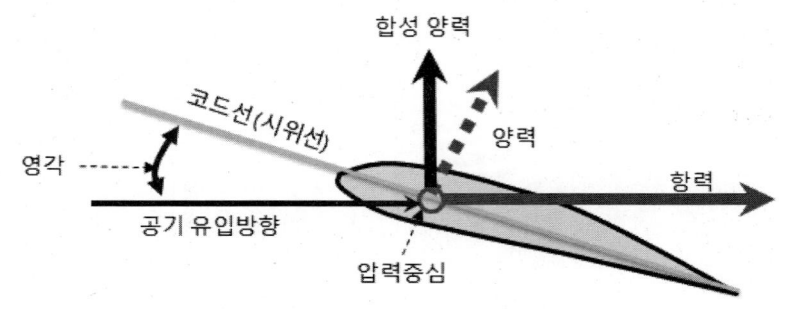

[그림 3.5.1] 항공기 날개에 적용되는 힘

$$F_L = \int dF_y = -\int p\sin\theta dA + \int \tau_w \cos\theta dA \tag{3.5.1}$$

$$C_L = \frac{F_L}{\frac{1}{2}\rho V^2 A} \tag{3.5.2}$$

이를 이해하기 위하여 [그림 3.5.2]와 같이 $NACA$ 계열의 비행기 익형 단면을 나타내었다. 이에 대한 기초적인 용어설명은 다음과 같다.

- 익현(chord): 익형 전연과 후연사이의 평균 두께선을 연결하는 직선
- 받음각 또는 영각(angle of attack, α): 익현과 자유유동 속도벡터 사이의 각
- 캠버(camber): 날개 단면의 평균선이 곡선이 경우

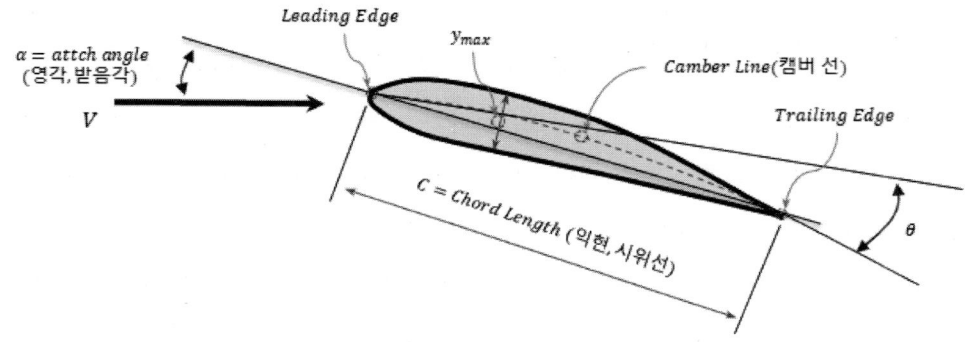

[그림 3.5.2] 항공기 날개의 설명하기 위한 용어 정의

실제적으로 익형의 경우 영각이 $0°$일 때 양력을 발생하도록 설계되지만 [그림 3.5.3]과 같이 영각이 증가함에 압력차로 위쪽 부분은 흡입면(-) 아래쪽 부분은 압력면(+)이 되므로 상부로 항공기를 띄우게 된다. 양력은 영각 α에 따라 평면면적 A_p에 따라 변화하게 되므로 식 (3.5.2)의 양력은 식 (3.5.3)과 같이 변경해야 한다. 따라서 양력이나 항력은 Re수와 α의 함수가 된다.

$$C_L \text{ or } C_D = f(\alpha, Re) \tag{3.5.3}$$

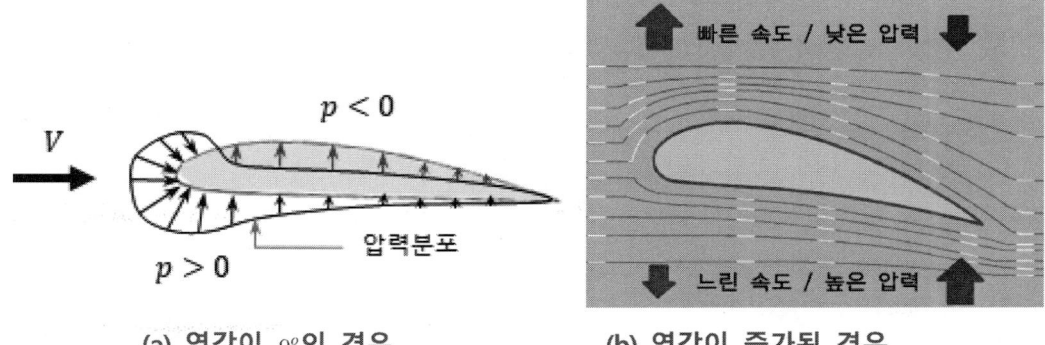

(a) 영각이 $0°$의 경우   (b) 영각이 증가된 경우
[그림 3.5.3] 양력발생의 원리

[그림 3.5.4]와 같이 $NACA\,23015$과 $NACA\,66_2-215$ 익형에서 영각이 증가하면서 양력계수가 증가되고 있었으나 영각이 약 $16°$에서 $C_{L,\max}=1.72$과 $C_{L,\max}=1.50$을 나타내었으나 그 이상이 되면 익형의 뒤쪽 부분에서 [그림 3.5.5]와 같이 유동박리가 많이 발

생함을 알 수 있으므로 정체점이 아래쪽 표면으로 이동하므로 양력은 갑자기 떨어지고, (b)에서 보듯이 항력은 계속적으로 증가된다. 이런 현상을 **실속**이라 한다. 실속의 상황에서는 비행기는 어떤 추력을 낼 수 없고, 추락할 수밖에 없다. 즉 더 이상 유속에 의한 힘을 받지 못하고 속도를 잃어버린다는 개념으로 실속이라는 용어를 사용한다. 익형의 실속은 익형의 위쪽 표면 대부분 영역에서 유동박리가 발생할 때 일어난다.

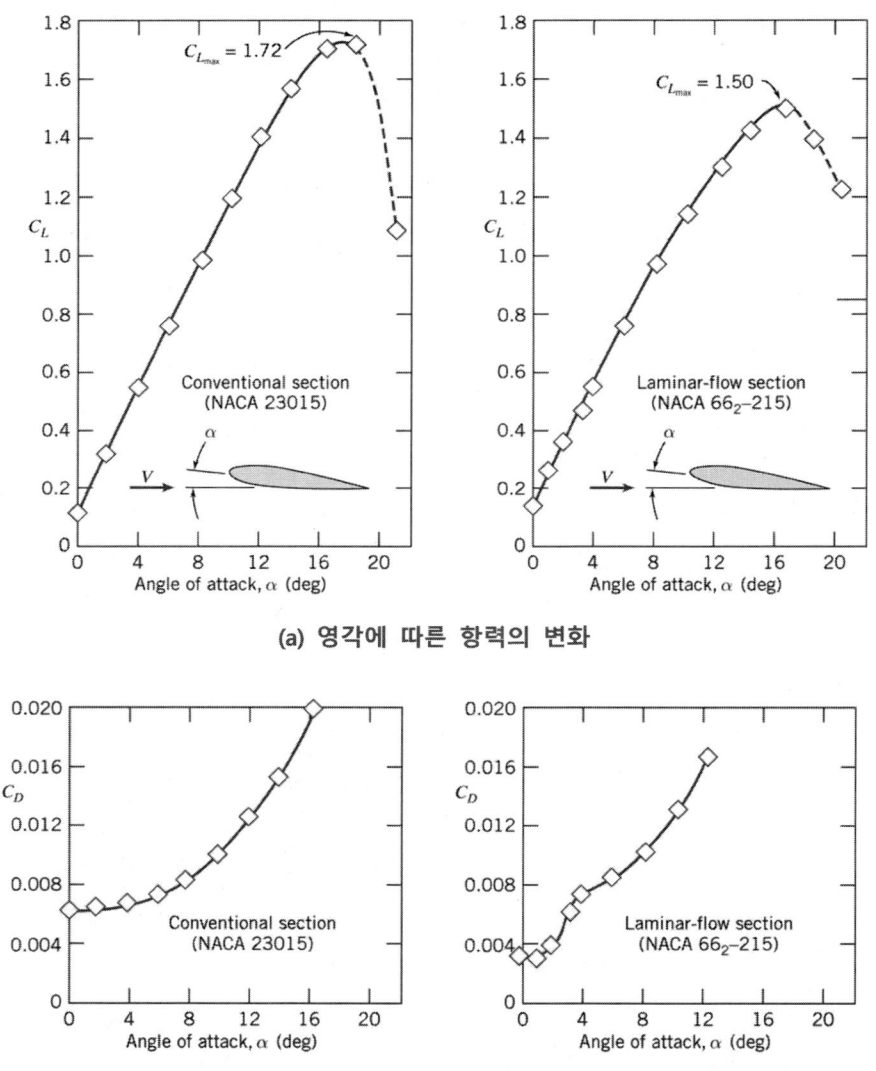

(a) 영각에 따른 항력의 변화

(b) 영각에 따른 증가되는 항력

[그림 3.5.4] $NACA\,23015$과 $NACA\,66_2-215$ 익형에서 영각에 따른 양력과 항력의 변화

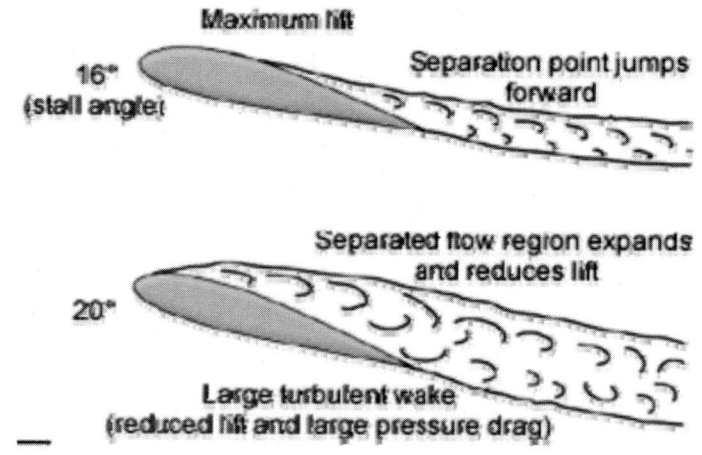

[그림 3.5.5] 영각이 증가하면서 상류에서 나타나는 후류현상

양력계수는 날개의 항력을 계산하여 수송할 수 있는 하중을 결정
항력계수는 필요한 양력을 위해 항공기 엔진이 감당해야 할 추력

3.6 회전효과

골프 스포츠에서 딤플이 있으면 매끈한 공보다 더 비거리가 더 많이 나간다고 앞 절에서 공부하였다. 또한 [그림 3.6.1]과 같이 공의 스핀 즉 일반적으로 $9,000\,[rpm]$의 역회전을 주면 딤플만 있는 경우보다 더 멀리 날아가게 된다. 이러한 원인은 회전하는 물체가 날아가면서 운동방향과 회전축에 수직방향의 힘에 의해 영향을 받기 때문이고 이런 효과를 Magnus 효과라 한다. 즉 공이 회전하지 않을 때에는 상하부의 대칭으로 인하여 양력이 발생하지 않기 때문이다. 그러나 실린더가 중심축으로 회전할 때에는 실린더가 주위의 유체를 점착 조건으로 인해 끌게 되고, 유동장은 회전 유동과 비회전 유동이 중첩으로 나타나기 때문이다.

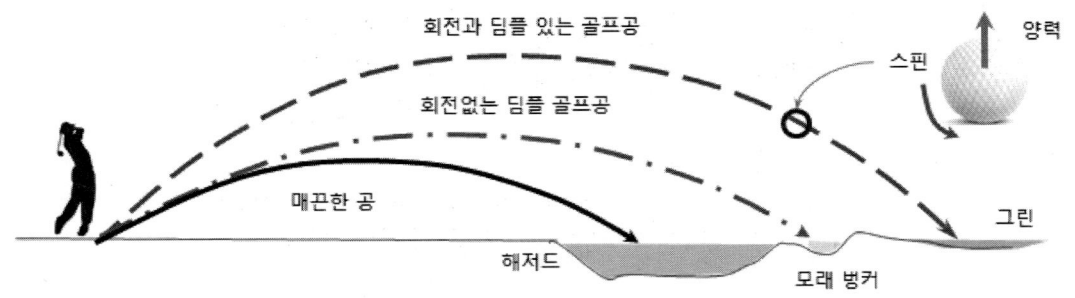

[그림 3.6.1] 골프의 경우 스핀여부에 따라 비거리가 상승된 경우

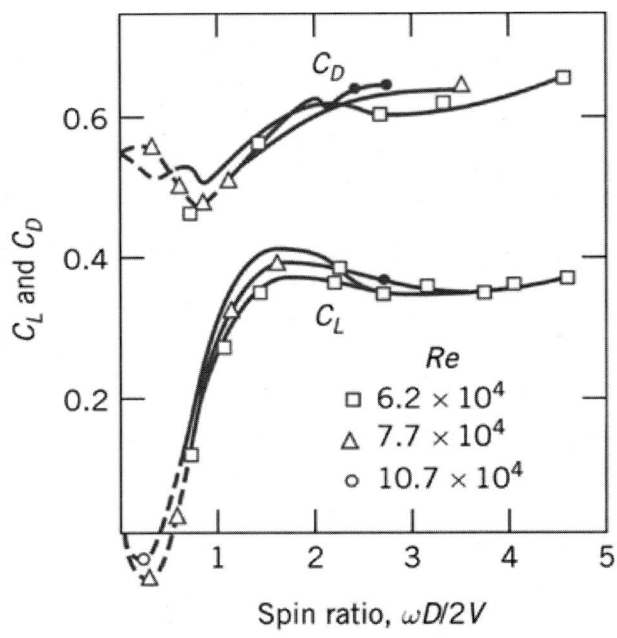

[그림 3.6.2] 무차원화된 회전률에 의한 매끄러운 구의 항력계수와 양력계수의 변화

[그림 3.6.2]에서 매끈한 구가 회전하면서 날아갈 때의 양력계수과 항력계수를 제시하였다. 가장 중요한 요소는 표면속도의 자유 유동속도에 대한 비인 회전비이다. 여기서 3가지의 Re수 변화를 보았을 때 별 차이가 없다는 것을 보아 부차적인 역할을 한다. 회전비가 낮으면 양력은 그림에서 보는 바와 같이 음(-)을 갖는다. 0.5이상에서만 양력은 양(+)의 값을 갖고, 회전수가 증가함에 따라 계속해서 증가하면서 양력계수는 약

0.351 정도에서 일정하게 됨을 알 수 있다. 반면에 항력계수에는 큰 영향을 미치지 않고 그림에서 보듯이 대략 범위에서 대략 0.5에서 0.6까지 변한다.

[그림 3.6.3]에서 골프공에 항력에 미치는 딤플에 대한 영향을 언급하였다. 회전하는 골프공에 대한 양력계수와 항력 계수의 회전비에 대한 실험 데이터는 Re수 $126,000 \sim 238,000$에 대해 [그림 3.6.3]과 같이 정리하였다. 회전비를 독립변수로 하여 아주 작은 범위의 회전비에서 골프공의 데이터를 하였다.

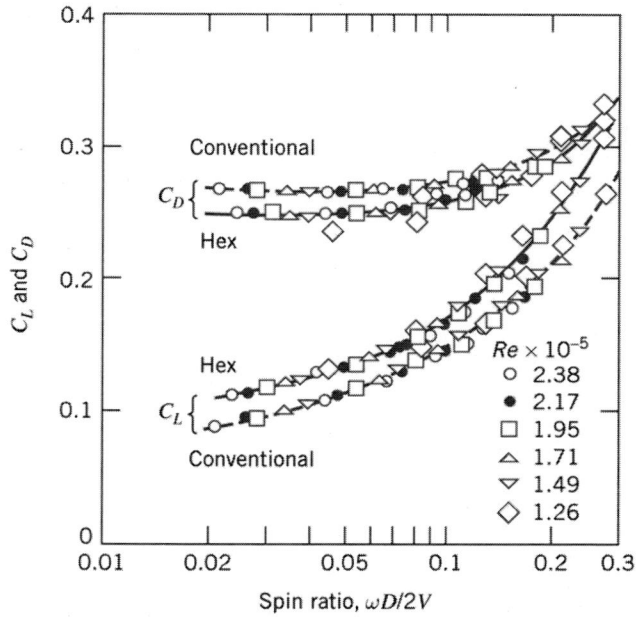

[그림 3.6.3] 공기역학적 설계 특성을 보여주는 최신 경주형 자동차 (폭스책)

[그림 3.6.3]에서 보듯이 확실한 사실은 육각형 딤플이 있는 골프공과 원형 딤플이 있는 골프공 둘 다 양력계수가 회전비에 따라 지속적으로 증가한다는 것이다. 육각형 딤플 골프공의 양력계수는 원형 딤플보다 약 15%정도 훨씬 더 크다. 육각형 딤플 골프공의 장점은 측정된 최고 회전비에 이를 때까지 계속해서 증가한다는 것이다. 육각형 딤플 공의 항력계수는 회전비가 작을 때 원형 딤플 공에 비해 $5 \sim 7\%$정도 지속적으로 작지만, 회전비가 증가하면 그 차이가 뚜렷하지 않다.

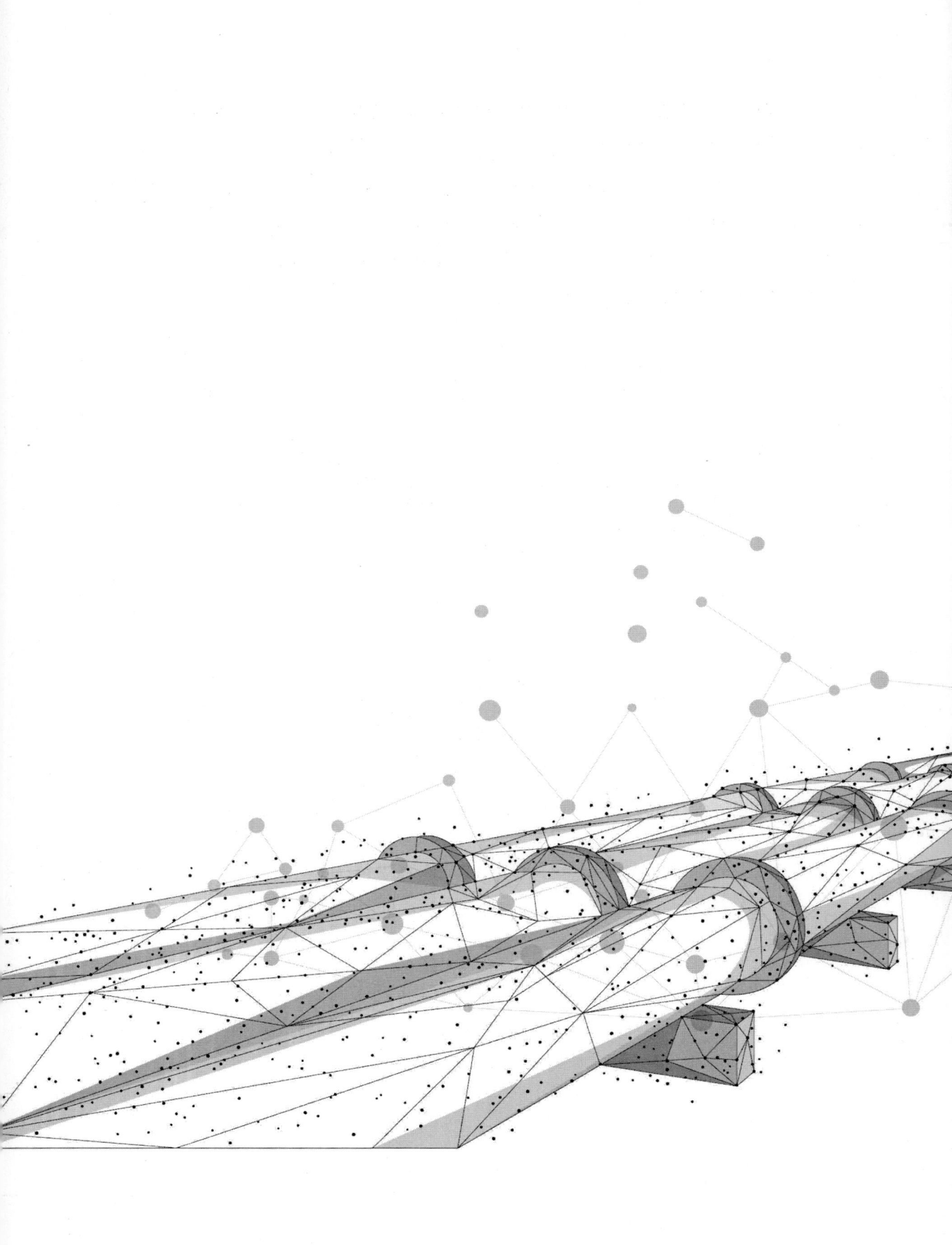

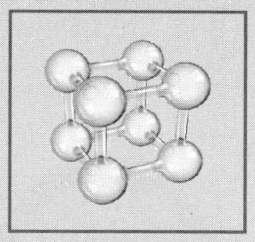

제4장 유체계측

4.1 압력

우리가 실험시 사용되는 압력은 정압이다. 압력은 단위면적당 작용하는 힘으로 정의된다. 압력을 측정하는 데 있어 가장 직관적으로 많이 사용되는 압력계는 [그림 4.1.1]과 같은 '브루동 압력계'를 많이 사용한다. 이 장치는 가격이 저렴하여 많이 사용된다. 다만 눈금으로 보기 때문에 계측 오차가 있다. 이 장치를 "보든"보다는 "부르동"으로 발음하는 것이 맞다. 프랑스의 과학자 부르동(1808~1884)이 개발하였기 때문이다.

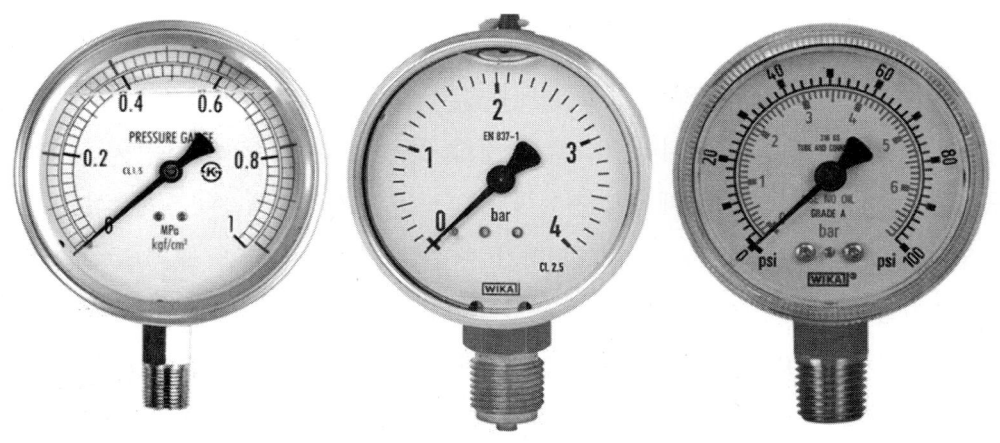

(a) bar 단위용　　　　(b) kgf/cm2 단위용　　　　(c) psi 단위용
[그림 4.1.1] 현장에서 많이 사용하는 부르동Bourdon 압력계

부르동 압력계는 대기압이나 배관, 탱크, 다양한 기계 등의 압력은 다양한 계측기를 통하여 측정된다. 따라서 이렇게 계측기로 측정되기 때문에 계기압이라고 한다. 계기압은 유동이 없을 때 [그림 4.1.2]에서 보이듯이 값이 0으로 세팅되어 있다.

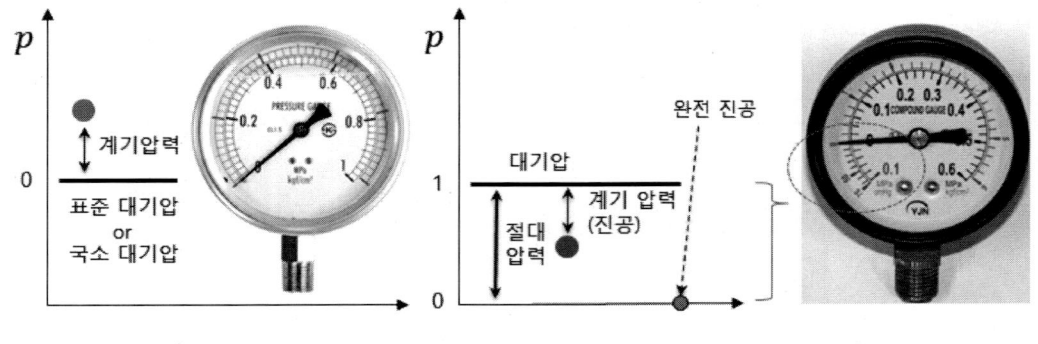

(a) 계기압   (b) 진공압력
[그림 4.1.2] 계기압, 절대압 그리고 진공압의 관계

$$p_{abs} = p_{gage} + 1\,[atm] \tag{4.1.1}$$
$$p_{abs} = 1\,[atm] - p_{vac} \tag{4.1.2}$$

[그림 4.1.2](a)와 같이 계기압은 현장 고도와 상관없이 측정된 계측 값이란 뜻이다. [그림 4.1.2](a)에서 보이듯이 파란 점이 가리키는 값이 계기압이 된다는 의미이다. 따라서 고도에 따라 대기압은 다른 값을 갖게 된다. 식 (4.1.1)과 같이 기준이 되는 표준 대기압, $1\,[atm]$을 계기압에 더하면 절대압력, p_{abs}이 된다. 즉 계기압은 표준대기압이 0이다. 정확한 의미는 0이 아니라, 0으로 가정한 것이다. 같은 장소에서는 너도 나도 모두 동일한 압력을 받고 있기 때문에 자유물체도 또는 검사체적내 계산되는 서로 압력이 상호 없다고 가정하는 것이 계산하기 편하기 때문일 것이다. 대기압을 0으로 가정한다. 다만 계기압을 절대압으로 표시할 때는 표준 대기압의 값을 더해주면 된다. 만약 플라스틱 용기의 입구를 빨면 용기가 찌그러지는데, 이때 [그림 4.1.2](b)와 같이 대기압보다 적은 압력이 작용했기 때문이다. 이때 주어진 압력을 진공압 p_{vac}이라 하며, 그 크기는 최대 $1\,[atm]$임을 알 수 있다. [그림 4.1.2](b)에서 보이듯이 빨간 점의 진공압은 연성계로 측정되며, 식 (4.1.2)와 같이 표준 대기압에서 감소된 압력을 의미한다. 진공압력은 대기압보다 작기 때문에 대기압을 기준으로 할 때는 부(-)압으로 사용되지만, 식 (4.1.2)와 같이 절대압력을 기준으로 사용하면 양(+)의 값을 갖는다. 만약 줄어든 진공압의 크기가 $1\,[atm]$이라면, 그 압력은 절대압력으로 $0\,[Pa]$이며, 이를 완전진공이라고 한다.

수은으로 진공압을 측정하는 방법을 고안한 토리첼리(Torricelli ; 1608~1647)의 업적을 기리기 위해 진공단위를 $[mmHg]$나 $[Torr]$로 사용한다. 예를 들어 완전 진공인 $0\,[Pa]$은 $760\,[mmHg]$ 또는 $760\,[Torr]$로 환산된다.

4.2 액주계

현장에서 압력을 측정하는데 사용되는 계기는 [그림 4.2.1]와 같은 액주계이다. [그림 4.2.1]와 같은 계측기중 (b)와 (c)와 같은 액주계가 많이 사용된다. 액주계는 (b)와 같이 압력을 측정하는 피에조미터 양쪽의 압력차에 의해 밀려 올라간 액체기둥의 높이차(h)를 측정하여 이에 상응하는 압력을 측정하는 U자 형태가 있다. 또한 (c)와 같이 경사형태로 액주계를 기울여 조금 더 높은 압력을 구하는 경사형태의 액주계가 존재한다. 다만 공기와 같이 밀도가 적은 유체의 경우는 액주계를 사용할 경우는 압력차가 적게 표현되므로 일반적인 액주계보다는 마이크로 마노미터나 미압계를 사용하게 된다.

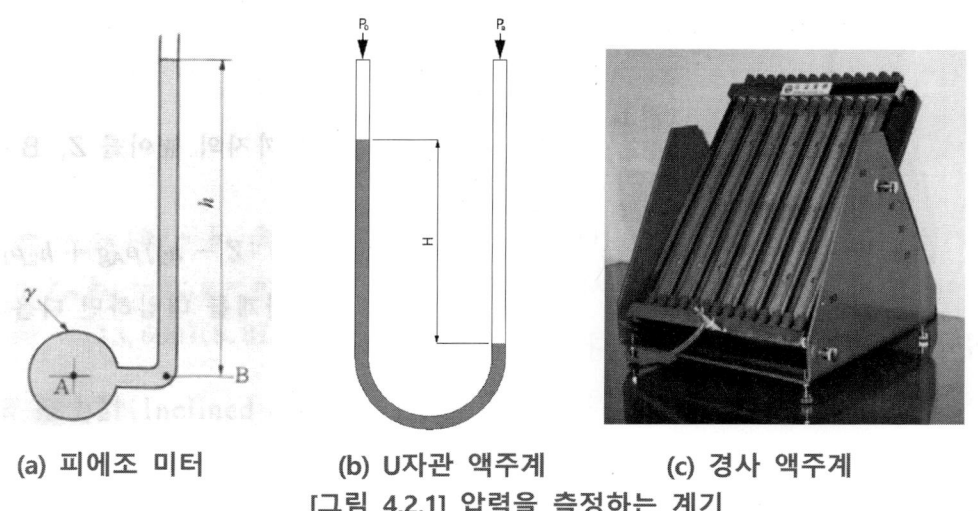

(a) 피에조 미터　　(b) U자관 액주계　　(c) 경사 액주계
[그림 4.2.1] 압력을 측정하는 계기

■ U자관 액주계

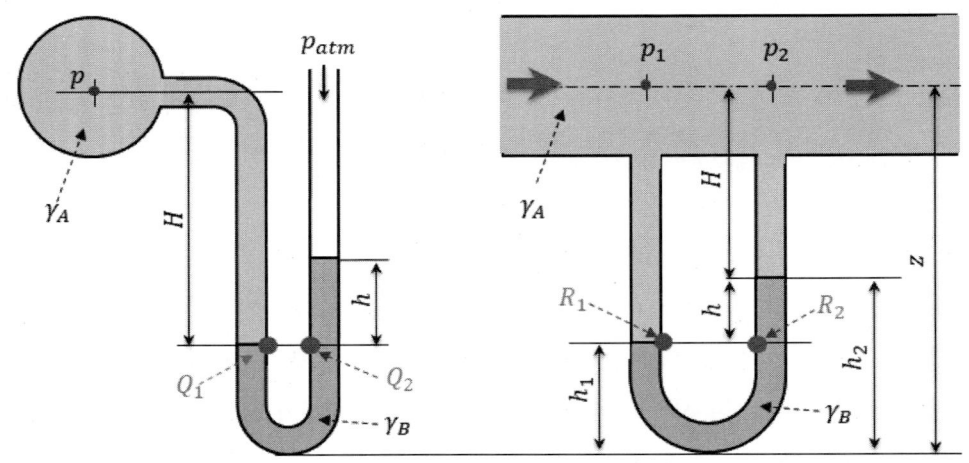

(a) 투명관 한쪽 끝이 대기로 개방된 경우   (b) 투명관 양쪽 끝이 배관에 연결된 경우
[그림 4.2.2] U자관 액주계

U자관 액주계는 [그림 4.2.2]와 같이 배관 및 관로 내 유체(γ_A)의 압력계측에 많이 사용하게 된다. (a)와 같이 한쪽 끝이 대기압으로 오픈된 경우이며 (b)와 같이 투명관 끝이 모두 배관에 연결된 경우 두 종류가 있다. 두 종류의 경우 모두 [그림 4.2.2]에서 보듯이 관로 내 유체보다 비중이 큰 액체(연두색)를 사용하는데 두 유체들은 상호 혼합이 되게 제작한다. 보통 비중이 13.6인 수은$_{Mercury}$을 사용한다.

(a)의 경우 관로 내 압력, p 는 식 (4.2.1)과 같이 계산할 수 있다. 식 (4.2.1)에서 우측과 좌측이 같다고 했는데 이는 (a)에서 보듯이 Q_1과 Q_2의 압력이 같기 때문이다. 이것이 액주계에서 가장 중요한 개념이다. 액주계의 압력계산은 여기서부터 시작한다. 식 (4.2.1)의 우측항 p_{atm}은 계기압이므로 0이 되고, 좌측의 액주높이 값을 이항하면 식 (4.2.2)와 같다. 이때 연두색 유체(수은)의 비중량(γ_B)이 관로 유체(γ_A)보다 크다면 식 (4.2.2)의 $\gamma_A H$의 값을 상대적으로 무시할 수 있으므로, 식 (4.2.3)과 같이 정리된다. 물리적으로 중요한 것은 (a)와 같은 U자관 마노미터의 기본 방정식인 (4.2.3)의 수식과 피에조미터의 압력계산인 식 (4.2.2)와 같다는 것이다.

$$p_A + \gamma_A H = \gamma_B h + p_{atm} \tag{4.2.1}$$

$$p_A = \gamma_B h - \gamma_A H \tag{4.2.2}$$

$$p_A = \gamma_B h \tag{4.2.3}$$

(b)의 경우는 식 (4.2.4)와 같이 배관 내 2점사이의 압력을 측정할 수 있다. (b)의 액주계 내 2점(파란색 심벌) R_1과 R_2점이 같다는 전제하에 유도되었다. 식 (4.2.4)의 좌측 항을 보면 1점에서 $(H+h)$의 높이만큼 배관 내 액체의 압력이 작용한다. 반면에 우측 항은 압력은 ① H의 높이 배관 내 압력과 ② h높이만큼 수은(연두색 액체) 압력 그리고 ③ 2점 압력의 합이 작용하고, 이 합은 좌측 항과 같다는 것을 의미한다.

$$p_1 + \gamma_A(H+h) = \gamma_B h + \gamma_A H + p_2 \tag{4.2.4}$$

이를 정리하면 식 (4.2.4)과 같이 배관 내 2점의 압력차를 계산할 수 있다. 만약 식 (4.2.2)에서 같이 $\gamma_B \gg \gamma_A$이기 때문에 식 (4.2.4)은 식 (4.2.2)와 같아지게 된다.

$$p_1 - p_2 = (\gamma_B - \gamma_A)h \tag{4.2.5}$$

■ 액주계 계산 법칙

액주계는 2지점에서 압력이 같다는 전제로 계산하였는데, 이렇게 계산을 하면 번거롭기 때문에, 쉽게 압력을 계산하는 방법이 제안되어 있다. 즉, 기준 점을 기준으로 내려갈 때는 압력을 더하고, 올라갈 때는 빼주면 되는 방식을 적용하면 매우 쉽게 액주압력을 계산할 수 있다. 즉, 구하고자 하는 곳의 압력, p_1에서 다른 위치의 압력, p_2까지 변화된 압력을 대수적으로 더해주면 된다. 이때 만약 중간에 액체가 달라지면 해당된 유체 비중을 곱해주면 된다.

4.3 피토관을 이용한 동압 및 속도압 측정

동압을 측정을 하기 위한 [그림 4.3.1]과 같은 피토관을 이용한다. 피토튜브의 동압 및 정체압을 이론적으로 구하기 위하여 2차원 비압축성, 정상유동의 비마찰 유동을 가정한 식 (4.3.1)을 적용하자.

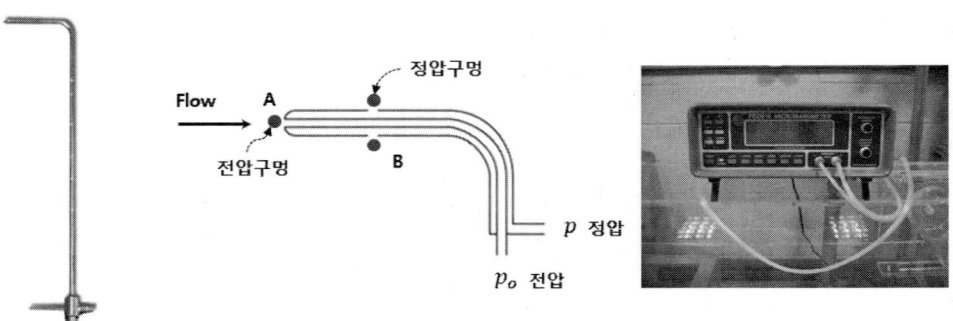

(a) 피토튜브 (b) 피토튜브의 구조 및 원리 (c) 마이크로마노미터
[그림 4.3.1] 비행기에 설치되어 있는 피톳-시스템에 관한 공학적 해석

$$\frac{p_A}{\rho} + \frac{V_A^2}{2} = \frac{p_o}{\rho} + \frac{V_o^2}{2} \qquad (4.3.1)$$

[그림 4.3.1]에서 A점에서 속도 V_A는 정체점이기 때문에 0, 상류점의 속도 V_o도 유동이 없는 지점이므로 0이 된다. 그렇다면 식 (4.3.1)의 압력은 식 (4.3.2)와 같다.

$$p_A = p_o \qquad (4.3.2)$$

식 (4.3.2)에서 보듯이 p_A압력 즉 정체압은 p_o의 압력과 같다. 여기서 유동이 없는 지점의 압력을 보통 전체압력 또는 전압이라고 한다. 즉 유동이 없을 때의 p_A의 압력을 정체압 또는 전압이라 한다.

그림처럼 상류점에서 속도 V_A가 0이기 때문에 식 (4.3.1)은 식 (4.3.3)과 같이 변화된다.

$$\frac{p_1}{\rho} + \frac{V_1^2}{2} = \frac{p_A}{\rho} \qquad (4.3.3)$$

식 (4.3.3)에서 속도는 두 점의 압력차로 구하면 되니까 이는 식 (4.3.4)와 같다.

$$V_1 = \sqrt{\frac{2(p_A - p_1)}{\rho}} \qquad (4.3.4)$$

만약 두 압력차이가 $30\,[mmHg]$이면 동압속도는 (4.3.5)와 같이 계산된다. 단 압력차는 수은 압력계를 사용했다면 비행기에 적용된 유체는 공기이므로 밀도를 다르게 계산하였다.

$$V_1 = \sqrt{\frac{2\rho_{Hg}gh}{\rho_{air}}} = \sqrt{\frac{2 \times 13.6 \times 1000 \times 9.8 \times 0.03}{1.23}} = 80.8\,[m/s] \qquad (4.3.5)$$

4.4 유량

■ 국부적인 속도측정

관내의 유동정보를 획득하기 위하여 속도, 압력, 온도, 밀도, 점도 및 난류강도 등과 같은 국부적인 성질들을 측정해야 할 필요가 있다. 이런 물리량 등은 보통 작은 영역 또는 점 등에서 여러 가지 아이디어 있는 장치로 측정을 하게 된다. 보통 4.3절에서 다룬 피토튜브나 LDA기법을 이용하여 국부적인 속도를 측정하는 방법이 많이 사용된다. 이에 대한 자세한 이론은 유속계측관련 전문서적을 참조하기 바란다.

■ 총합적 성질

작은 영역이나 점들의 속도 등의 측정이 아니라. 원관이나 배관에서 출구되는 체적유량이나 유입되는 질량유량과 같은 총합적인 성질을 정확히 측정하는 것은 매우 중요하다. 유량을 측정하는 방법은 크게 중량법과 체적법이 있다.

중량법은 **유량을 측정하는 데 있어 가장 간단한 방법**이다. 임의의 양을 측정할 수 있는 용기에 원하는 시간동안 배관에서 도출되는 양을 용기에 받고, 이 받은 유체와 함께 용기의 무게를 측정하게 되면 질량유량(kg/s)을 측정할 수 있다.

이때 용기의 무게는 기본적으로 영점 조정하여 배제시켜주어야 한다. 중량법으로 측정할 경우는 적은 유량일 경우에는 오차가 많이 발생하므로 유량이 어느 정도 큰 경우에 적용하는 것이 추천한다. 단 측정은 반복 측정하여 오차를 줄여주고 이에 대한 불확실성 해석을 수행해야 한다.

체적법으로 유량을 측정하는 방법 또한 중량법과 같이 간단한 방법이다. **정확한 눈금이 있는 비커와 같은 용기에 원하는 시간동안 흐르는 유체**를 받으면 이때의 체적유량(m^3/s)을 측정하게 된다. 이 체적법은 비교적 적은 유량을 측정할 때 추천한다.

■ 차압식 유량계

관에 [그림 4.4.1]과 같이 장애물(오리피스, 노즐, 벤투리 등) 즉 압력을 변화시키는 장치로 식 (4.4.1)과 같이 유량을 측정할 수 있다. 이 유량계는 장애물로 인한 압력차를 이용하기 때문에 **관내 장애물을 설치하여 유량을 측정하는 장치를 차압식 유량계라고 한다**. 보통 장애물로는 [그림 4.4.2]와 같이 오리피스, 노즐, 벤투리를 많이 사용한다. 식 (4.4.1)의 유량계수, C_d는 [그림 4.4.3]에 나타내었으며, 좀 더 유량계수와 기하학적 형상의 자세한 정보는 ISO나 KS규격 등을 참조하기 바란다.

$$Q = C_d A_2 \sqrt{\frac{2(p_1 - p_2)}{\rho(1-\beta^4)}} \tag{4.4.1}$$

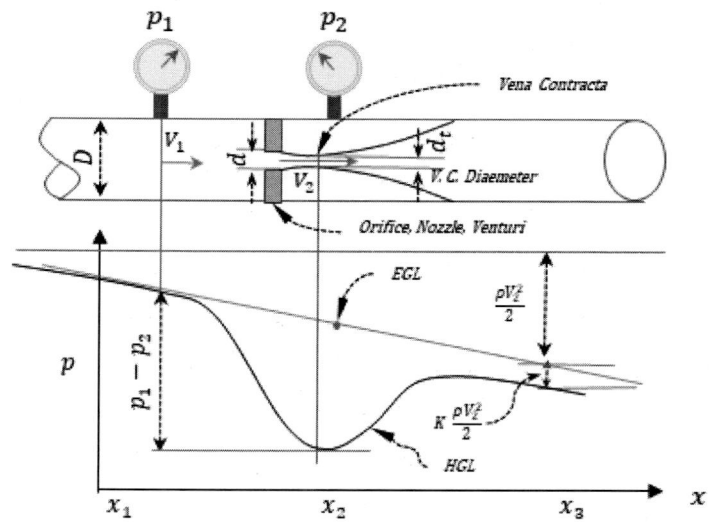

[그림 4.4.1] 차압식 유량계를 설명하는 도식도

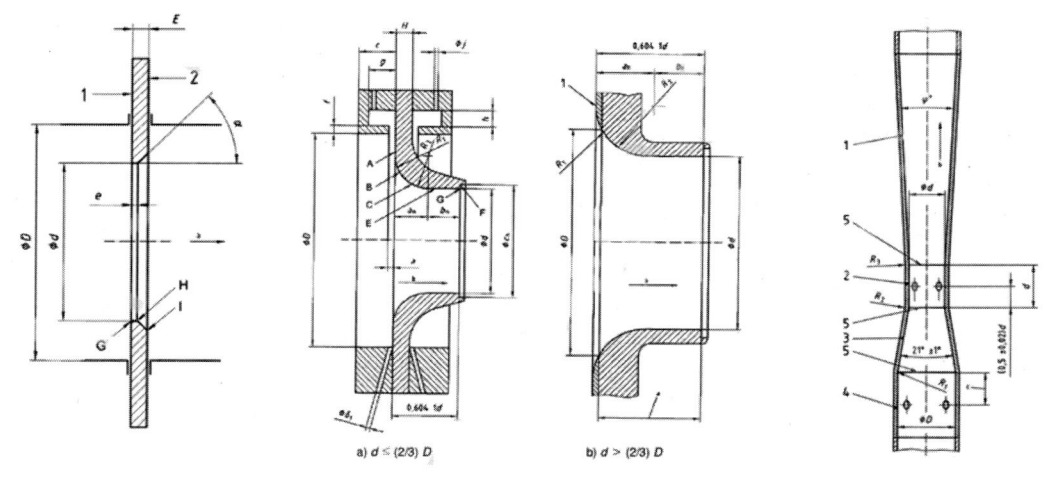

(a) 오리피스　　　　　(b) 노즐　　　　　(c) 벤투리
[그림 4.4.2] 차압식 유량계에서 많이 사용되는 장치

[그림 4.4.1]에서 장애물에 의하여 줄어든 지름 d과 유입지름과의 비를 β로 식 (4.4.2)과 같이 정의하자. 이 β는 이러한 장치의 지름비로 차압식 유량계의 매우 주요한 인자이다.

$$\beta = \frac{d}{D} \tag{4.4.2}$$

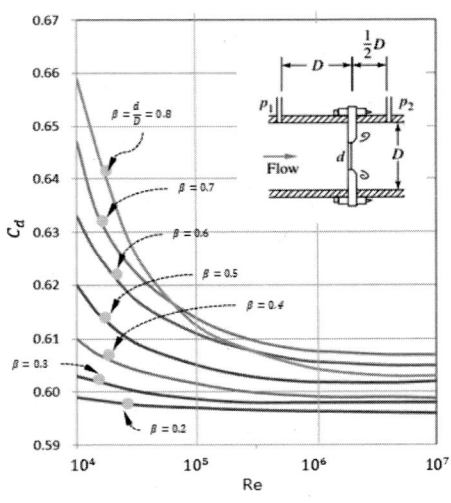

(a) 오리피스

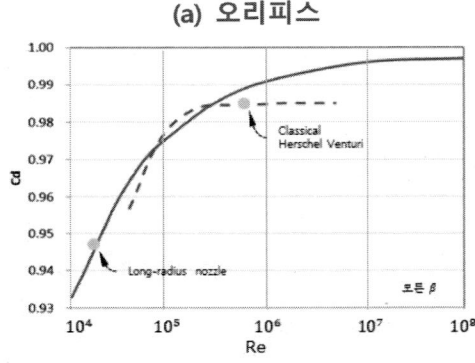

(b) 노즐

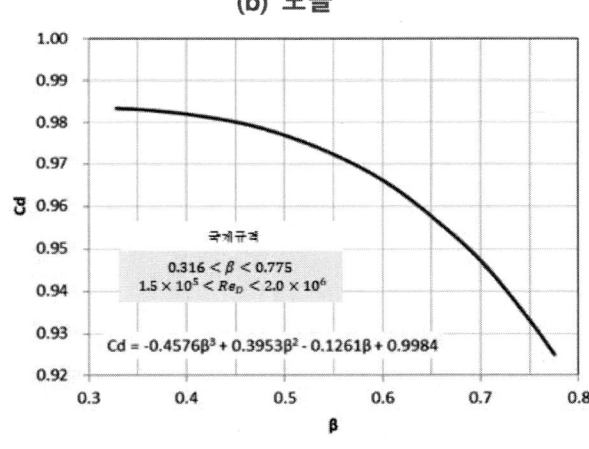

(c) 벤투리

[그림 4.4.3] 차압식 유량계의 유량계수 [White책]

[그림 4.4.3]에서 유량계수 값을 그래프 선도에서 Re 수나 β에 따라 결정하기에는 정확치 않고 불편한 점이 많다. 따라서 오리피스 유량계의 경우 식 (4.4.3)과 같이 M. Reader-Harris/Gallagher(1998)의 제안 식을 제안하였다. 이 수식은 오리피스 유량계의 C_d를 ISO 5167-2:2003의 규정에 의하여 제시한 실험식이다.[29] 이 수식은 4줄로 되어 있는데 기본적인 것 첫 번째 수식을 이용하고 좀 더 복잡한 오리피스의 형태와 따라 기본적인 수식에 추가를 해주면 된다.

$$\begin{aligned}
C_{d_{orifice}} &= 0.5961 + 0.0261\beta^2 - 0.216\beta^8 \\
&+ 0.000521\left(\frac{10^6\beta}{Re_D}\right)^{0.7} + (0.0188 + 0.0063A)\beta^{3.5}\left(\frac{10^6\beta}{Re_D}\right)^{0.7} \quad ; slope\,term \\
&+ (0.043 + 0.080e^{-10L_1} - 0.123e^{-7L_1})(1-0.11A)\frac{\beta^4}{1-\beta^4} \quad ; upstream\,tapping\,term \\
&- 0.031(M'_2 - 0.8M'^{1.1}_2)\beta^{1.3} \qquad\qquad\qquad\qquad ; downstream\,tapping\,term
\end{aligned}$$

(4.4.3)

또한 노즐과 벤투리 미터의 경우는 식 (4.4.5)와 식 (4.4.6)과 같은 실험식을 이용하여 C_d 값을 계산하면 쉽다. 단 (4.4.6)은 [그림 4.4.3](c)를 엑셀로부터 구한 3차 추세선이다.

$$C_{d_{nozzle}} = 0.9965 - 0.00653\beta^{0.5}\left(\frac{1\times10^6}{Re}\right)^{0.5} \qquad (4.4.5)$$

$$C_{d_{venturi}} = -0.4576\beta^3 + 0.3953\beta^2 - 0.1261\beta + 0.9984 \qquad (4.4.6)$$

본 교재에서 언급된 [그림 4.4.3]이나 수식 (4.4.3)에서 식 (4.4.6)은 단순 참조 값이다. 정확한 것은 ISO나 KS규격을 참조하고, 결론적으로 차압식 유량계를 제작하였다면 그 유량계만의 정확한 C_d값을 실험적으로 구해야 한다. 즉 교정이 된 전자유량계와 같이 실험을 하여 Re 수에 따른 자체 보정곡선을 제시해야만 한다.

---

[29] Michael Reader-Harris, Claire Forsyth, Tariq Boussouara, The calculation of the uncertainty of the orifice-plate discharge coefficient, Flow Measurement and Instrumentation Volume 82, December 2021, 102043

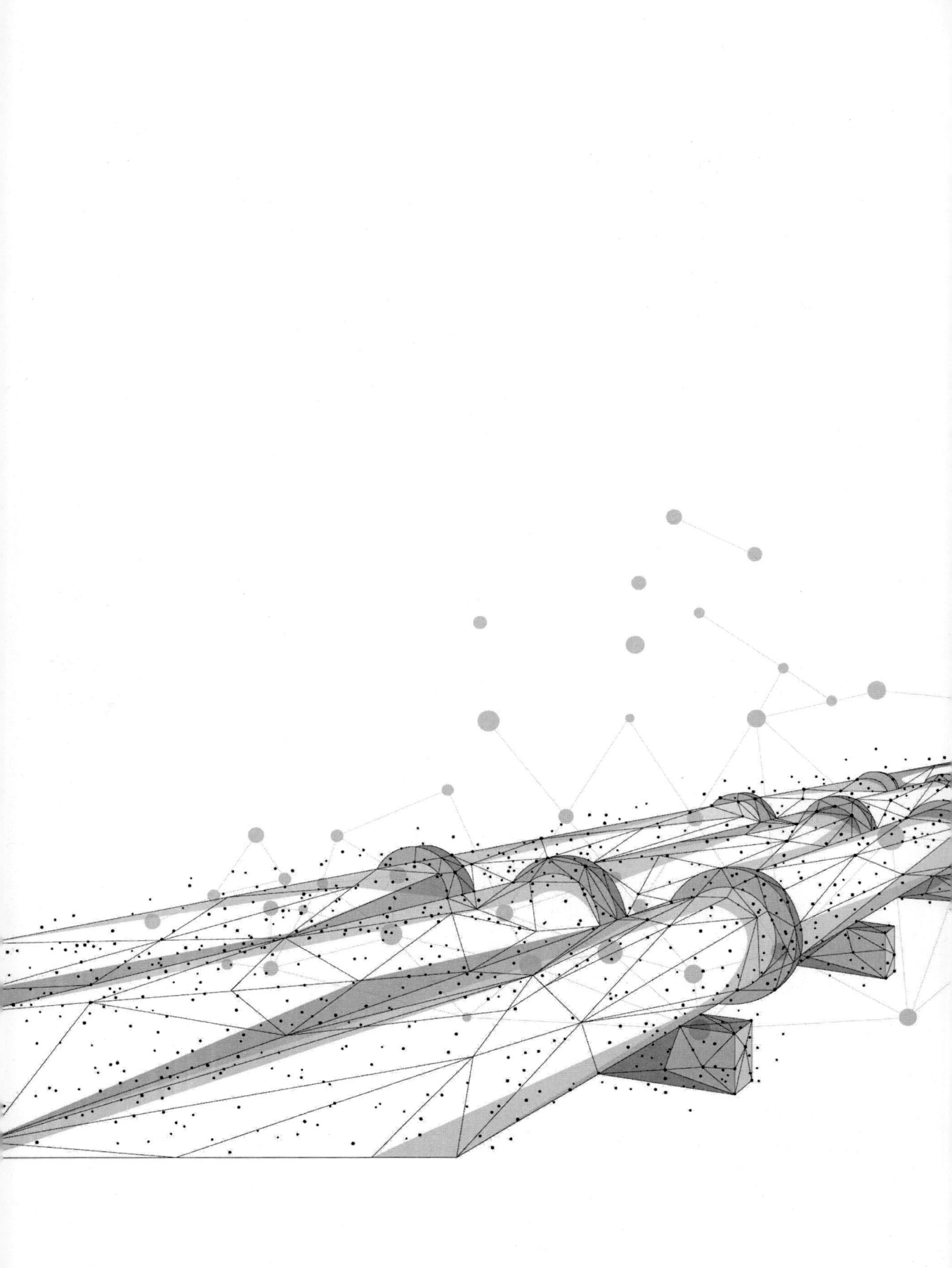

Ⅳ. 장치 실험

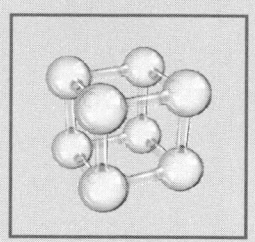
1. 정수압 측정

1 실험 목적

물속에 완전히 잠겨 있거나 부분적으로 잠겨 있는 물체에 작용하는 힘과 힘의 작용점을 정수압 측정실험으로 구하고 유체역학 수업에서 배운 이론식과 비교 / 확인해 본다.

2 관련 이론

1) 물속에 부분적으로 잠겨 있는 경우

(1) 개략도

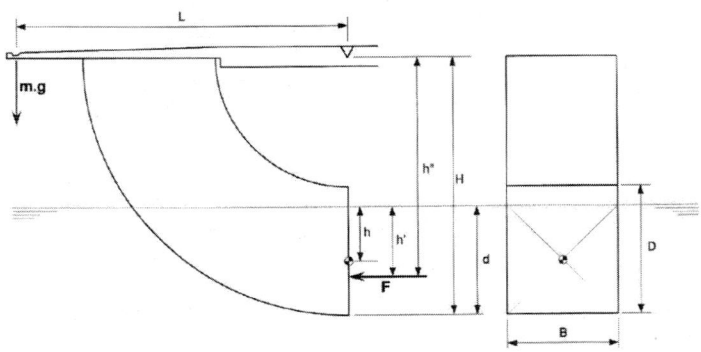

[그림 1.1] 물속에 부분적으로 잠겨 있는 경우

d : 잠긴 깊이, F : 사면제의 작용하는 정수압

h' : 압력중심의 길이, h'' : 피봇에서 압력중심까지의 길이

B : 사면체의 폭 D : 사면체의 폭

W : 추의 무게 (mg)

(2) 관련 이론

◎ **수력학적 추력**

$$mgL = Fh'' \tag{1.1}$$

$$F = \rho g A h \ (\therefore A = B \times d) \tag{1.2}$$

h : 수심 깊이의 평균 $= h = d/2$

$$F = \frac{1}{2}d \times \rho g B d = \frac{1}{2}\rho g B d^2 \tag{1.3}$$

◎ **압력의 실험적 깊이**

$$M = Fh'' \quad [\text{Nm}] \tag{1.4}$$

$$Fh'' = WL = mgL \tag{1.5}$$

$\quad M$: 모멘트

$\quad L$: 피봇부터 추까지의 길이

$$h''_{\exp} = \frac{mgL}{F} = \frac{mgL}{0.5\rho g B d^2} = \frac{2mL}{\rho B d^2} \quad [\text{m}] \tag{1.6}$$

실험에서 구해야 할 높이

여기서 L, B, ρ 는 상수이고, m, d를 구하면 된다.

◎ **압력의 이론적 깊이**

$$h' = \frac{I_{xx}}{Ah} = \frac{Bd^3/3}{Bd \times d/2} = \frac{2d}{3} \tag{1.7}$$

평행이론

$$I_{xx} = I_c + Ah^2$$

$$= \frac{Bd^3}{12} + Bd(d/2)^2 = \frac{Bd^3}{3} \tag{1.8}$$

[그림 1.1]에서

$$h''_{ther} = H - d + h'$$

$$= H - d + \frac{2d}{3} = H - \frac{d}{3} \tag{1.9}$$

2) 물속에 완전히 잠겨 있는 경우

완전히 잠겨 있는 평면에 작용하는 힘 F는 도심에서의 압력과 표면적 A의 곱과 동일하다.

(1) 개략도

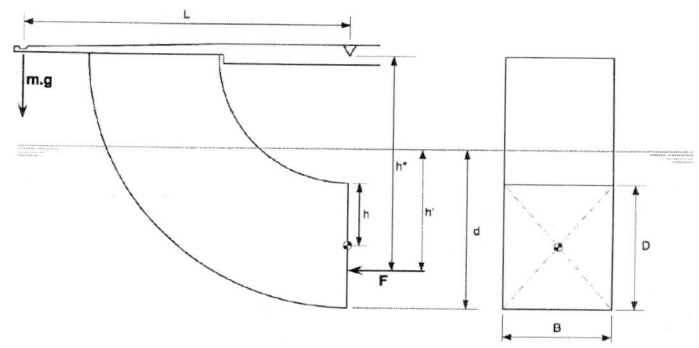

[그림 1.2] 물 속에 완전히 잠겨 있는 경우

◎ 수력학적 추력

$$F = \rho g A h = \rho g B d (d - D/2) \tag{1.10}$$

◎ 압력의 실험적 깊이

$$M = Fh'' \quad [\text{Nm}] \tag{1.11}$$

$$Fh'' = WL = mgL \tag{1.12}$$

$$h''_{\exp} = \frac{mL}{\rho B d (d - D/2)} \quad [\text{m}] \tag{1.13}$$

실험에서 구해야 할 높이

L, B, ρ 는 상수이고, m, d를 구하면 된다.

◎ 압력의 이론적 깊이

$$h' = \frac{I_{xx}}{Ah} \tag{1.14}$$

평행이론

$$I_{xx} = I_c + Ah^2 = Bd\left[\frac{D^3}{12} + \left(d - \frac{D}{2}\right)^2\right] \tag{1.15}$$

그림으로부터

$$h''_{ther} = H - d + h' = \frac{\left[\frac{D^2}{12} + \left(d - \frac{D}{2}\right)^2\right]}{d - \frac{D}{2}} + H - d \tag{1.16}$$

3 실험 장치

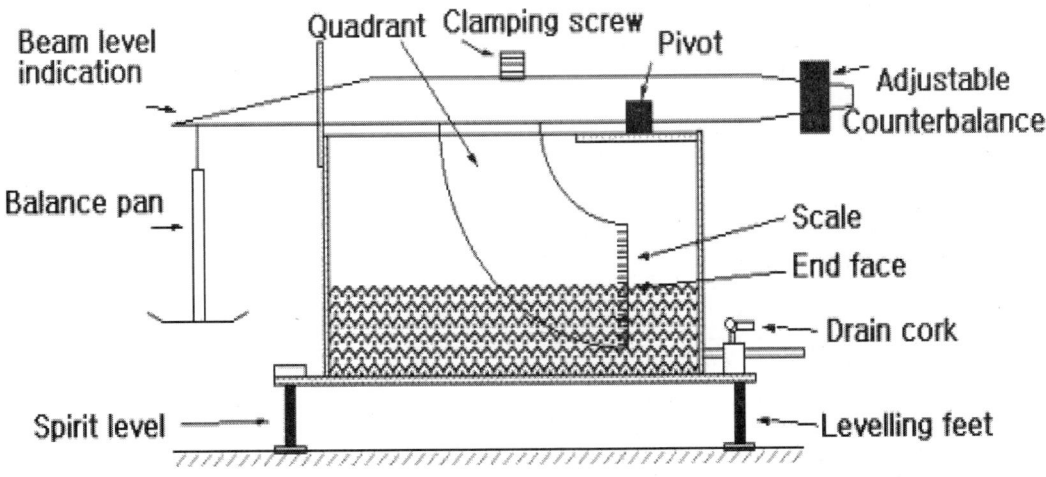

[그림 1.3] 정수압 측정 장치의 개략도

4 실험 방법

(1) 〈표 1.1〉과 같이 실험에 필요한 부분을 3회 측정하여 산술 평균 낸다.

<표 1.1> 실험 전 실험의 필요한 부분 측정

	정의	측정 (단위 mm)			평균
B	사면체의 폭				
D	사면체의 높이				
L	암 길이				
H	피봇까지 높이				

(2) 물속에 부분적으로 잠겨 있는 경우

1) Clamping Screw를 사용하여 Quadrant를 Balance Arm에 고정시키고 두 개의 핀 위에 이를 위치시킨다.

2) Bench 위에 물탱크를 올려놓고 Balance Arm을 Pivot에 위치시킨다.

3) Balance Arm의 끝에 Balance Pan을 건다.

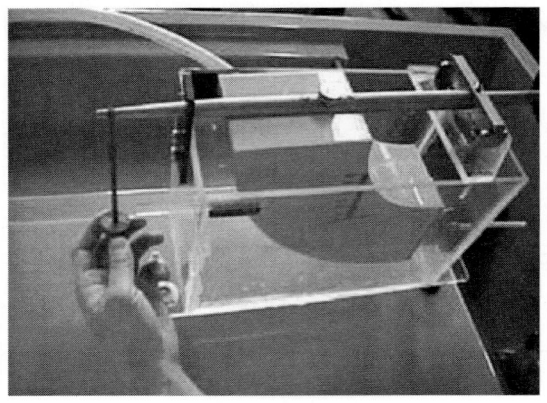

4) Drain Cork에서 Sump로 호스를 뺀다.

5) Adjustable Feet와 Spirit Level을 이용해 탱크의 수평을 유지시킨다.

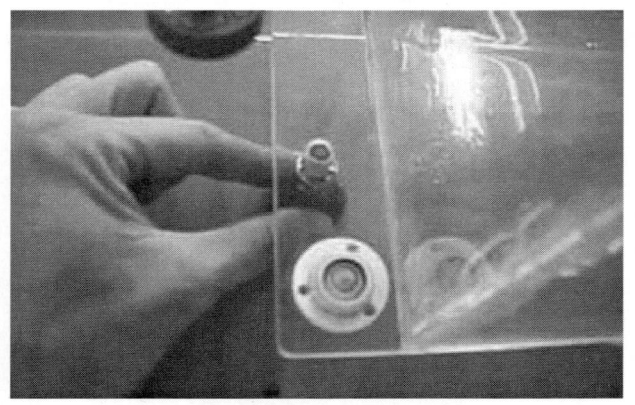

6) Balance Arm이 수평이 될 때까지 Count Balance를 조절한다.

7) Drain Cork를 잠그고, Quadrant의 바닥면에 이를 때까지 물을 공급한다.

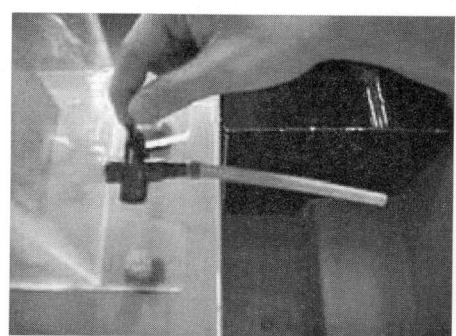 

8) Balance Pan에 중량을 올려놓고 Balance Arm이 수평이 될 때까지 탱크에 천천히 물을 공급한다.

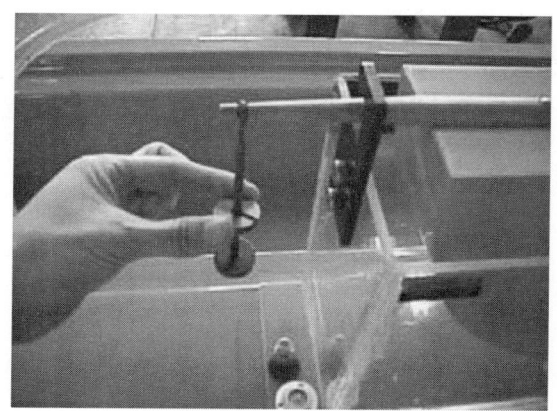

9) Quadrant상의 수위를 실험결과표에 기록하고 Balance Pan에 중량을 더한다. 이때 수위의 정밀한 조절은 Stop Cork을 사용해서 물을 감소시키거나, 공급하면서 수행한다.

10) Quadrant End Face의 제일 윗부분까지 수위가 도달할 때까지 중량을 증가시키면서 위의 과정들을 반복한다. 그 후에 증가시켰던 중량을 한 단계씩 감소시키면서 수위를 측정하여 실험결과표에 기록한다.

11) 2)~10)번의 실험을 3번 반복하여 평균한다.

(3) 물속에 완전히 잠겨 있는 경우

1)~6) 물속에 부분적으로 잠겨 있는 경우와 같다.

7) Drain Cork를 잠그고, Quadrant가 잠길 때까지 물을 채운다.

8) Balance Pan에 중량을 올려놓고 Balance Arm이 수평이 될 때까지 탱크에 천천히 물을 공급한다. 이 때 수위의 정밀한 조절은 Stop Cork을 사용해서 물을 감소시키거나, 공급하면서 수행한다.

9) Balance Pan에 중량을 더하면서 수위를 측정하여 실험결과표에 기록한다.

11) 2)~10)번의 실험을 3번 반복하여 평균한다.

5 결과 및 검토

(1) 물속에 부분적으로 잠겨 있는 경우

[표 1.2] 정수압 측정실험 결과

질량 증가 회수	m [kg]	d [m]				h''_{exp}	h''_{ther}	상대 오차	도심까지 길이
		1회	2회	3회	평균				
1									
2									
3									
4									
5									

(2) 물속에 완전히 잠겨 있는 경우

[표 1.3] 정수압 측정실험 결과

질량 증가 회수	m [kg]	d [m]				h''_{exp}	h''_{ther}	상대 차이	도심까지 길이
		1회	2회	3회	평균				
1									
2									
3									
4									
5									

1) 왜 압력의 작용점은 도심보다 항상 아래쪽에 있는가를 검토하라.
2) 이론적으로 계산한 결과와 실험결과가 차이가 나는 것을 설명하라.

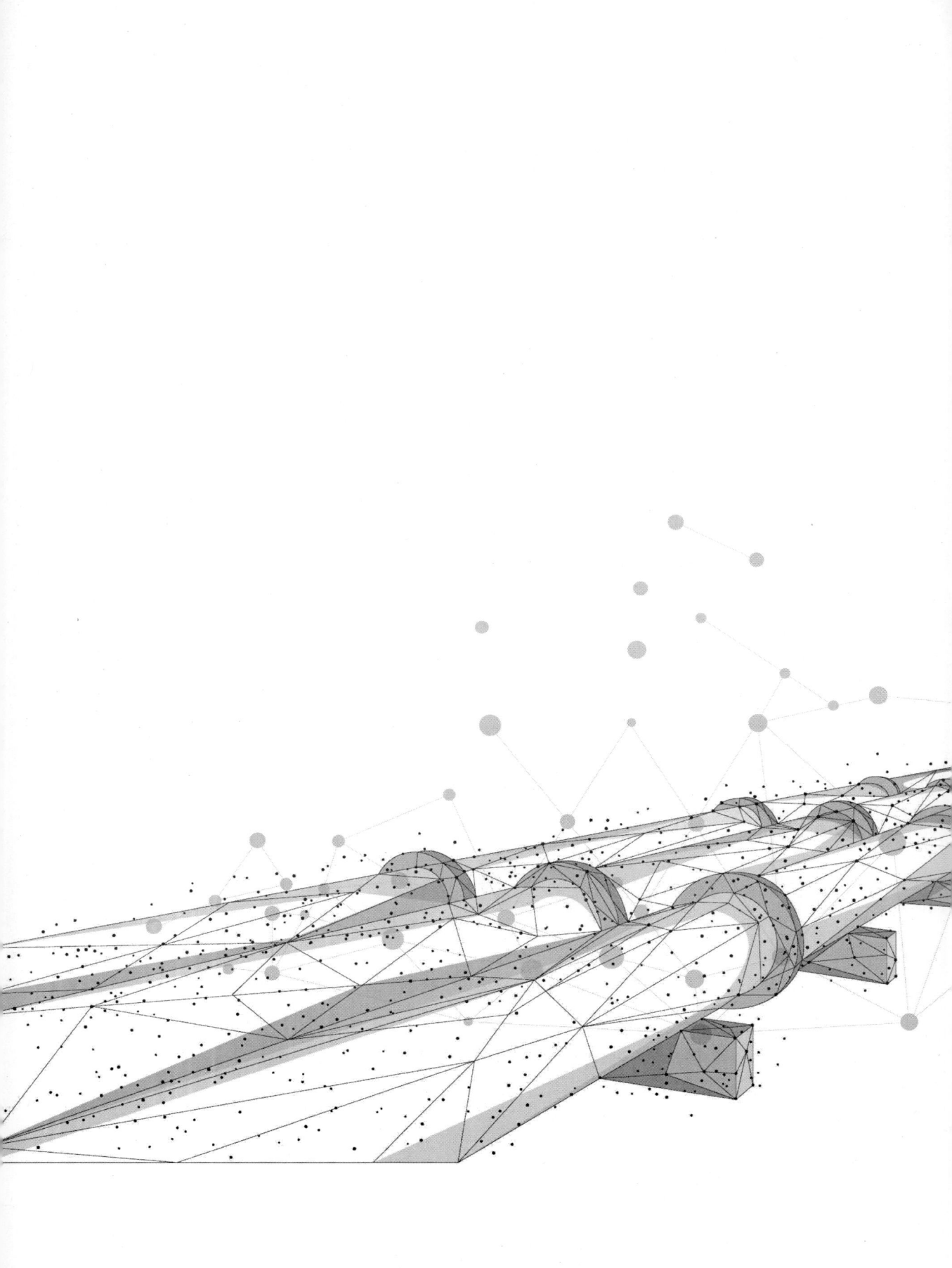

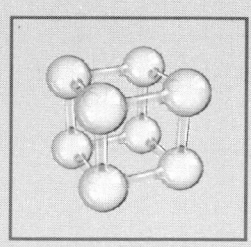 

2. 점성계수 측정

1 실험 목적

Ostwald 점도계를 이용하여 유체의 점성계수를 측정하는 방법과 그 사용법을 숙지하고, 이론에서 배운 점성의 성질을 이해하고자 한다. 더 나아가 주변에서 평소 궁금했던 유체의 점성을 측정해 보고 개념적인 것 보다 실질적으로 점성의 개념을 파악하는데 있다.

2 관련 이론

Hagen-Poiseuille 방정식을 점성계수 μ에 대해 정리하면 다음 식이 된다.

$$\mu = \frac{\triangle p \pi d^4}{128 Q l} \tag{2.1}$$

Ostwald점도계의 가장 좋은 장점은 비교적 쉽게 점성을 측정할 수 있다는 것인데 반면에 상대적인 개념 즉 2개의 유체의 점성을 측정해서 비교해야 하는 것이 단점이다. 즉 식 (2.1)을 이용하여 우리가 알고 있는 물(Water)의 점성의 값을 이용하여 평소 측정하고 싶은 유체의 점성을 식 (2.2)와 같이 계산할 수 있다.

$$\mu_w : \mu = \frac{\triangle p_w \pi d^4 t_w}{128 Vl} : \frac{\triangle p \pi d^4 t}{128 Vl} = \frac{\rho_w g l \pi d^4 t_w}{128 Vl} : \frac{\rho g l \pi d^4 t}{128 Vl} \Rightarrow \mu = \mu_w \frac{\rho t}{\rho_w t_w} \tag{2.2}$$

위 식에서 ρ_w와 ρ는 물의 밀도와 임의의 유체의 밀도를 나타내고, V는 유체의 체적, $\triangle p$는 압력손실, d는 관의 직경, Q는 체적유량, l은 관의 길이, t는 시간을 나타낸다.

3 실험 장치

점성계수는 다양한 측정방법[30]이 있으나 비교적 측정이 간단하면서 같은 상온에서 물에 비한 점성계수를 측정할 수 있는 [그림 2.1]와 같은 Ostwald 점도계를 이용한다.

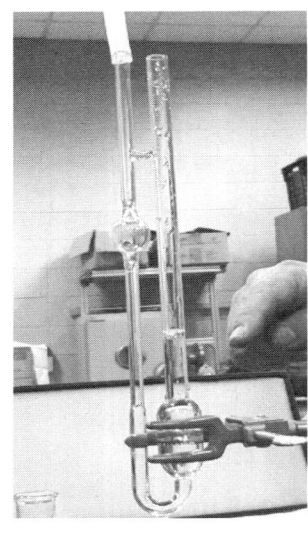 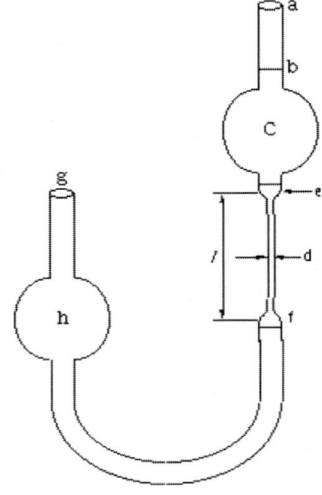

[그림 2.1] Ostwald 점도계

< 준비물 >

(1) **알고 싶은 유체**(500ml 정도)
- 기포가 없는 유체
- 점성이 너무 강한 유체는 안 됨
- 실험 1일전에 구매하여 상온으로 유지 필요

(2) 비중계

(3) Mass Cylinder, 비커

(4) Stop Watch(핸드폰 이용)

(5) 알코올 온도계

---

30) 숭실대학교에서는 낙구식 방법, Cone & Plate 방법, Saybolt 점도계가 있다.

4 실험 방법

(1) 실험준비

1) 점성계수를 측정하고자 하는 유체와 수돗물을 준비하여 비커에 담는다.
2) [그림 2.2]와 같이 알코올 온도계를 이용하여 유체의 온도를 측정한다.
   (단 2가지 유체의 온도가 유사하도록 해야 한다.)

[그림 2.2] 온도 측정

3) 비커에 물과 알고 싶은 유체를 채운 후 [그림 2.3] (a)와 같이 비중계를 이용하여 물과 원하는 유체의 비중을 [그림 2.3]의 (b)와 (c)와 같이 측정한다.

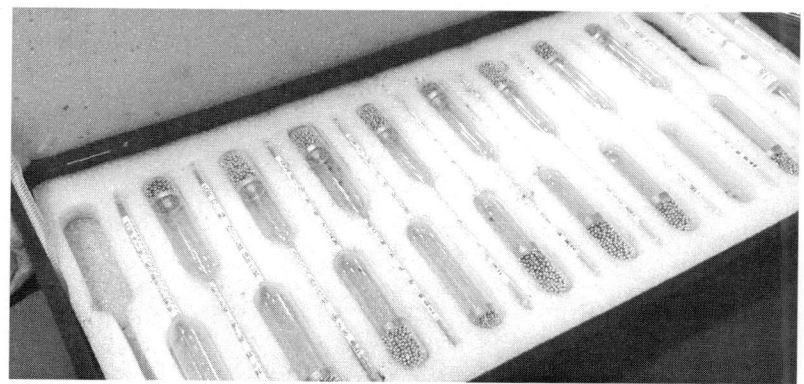

(a) 비중계

2. 점성계수 측정 157

(b) 물

(c) 측정유체 (예; 커피)

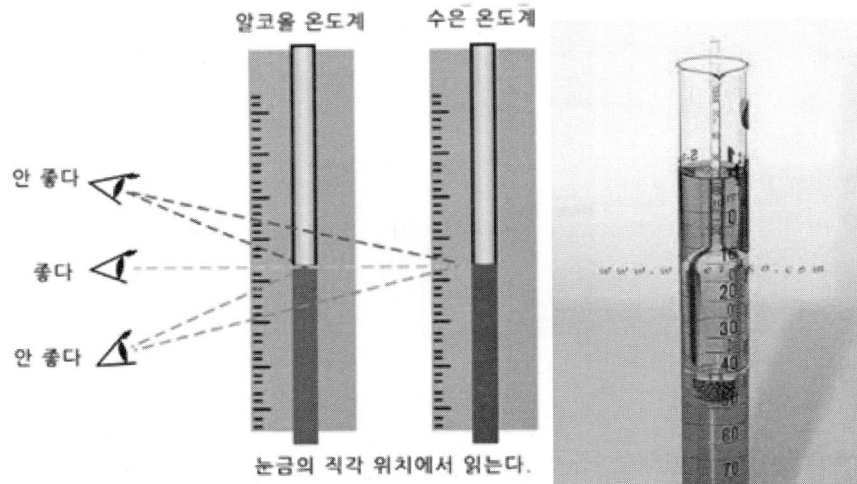

[그림 2.3] 비중계와 비중측정방법

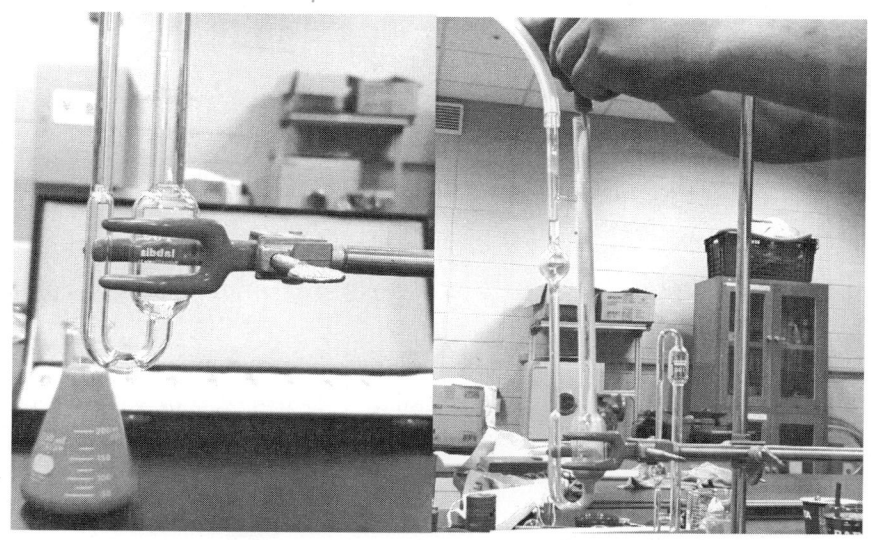

(a)점도계를 고정 (b) 측정유체에 주입

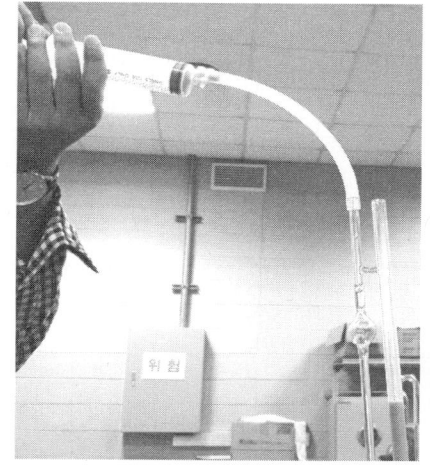
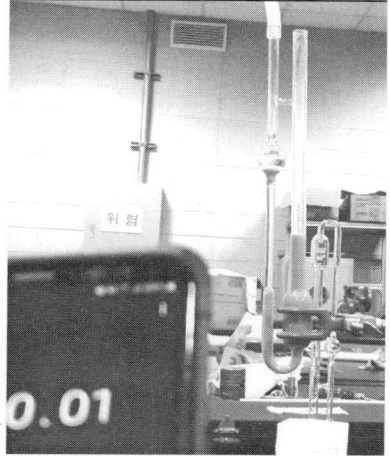

(c) 주사기를 이용하여 흡입 (d) 측정

[그림 2.4] 실험방법

(2) 실험방법

1) [그림 2.4]와 같이 점성계수를 측정하고자 하는 유체와 표준형 Ostwald 점도계를 준비한다.

2) [그림 2.3] (a)와 같이 Stand Bar에 Ostwald 점도계를 Cramp을 이용하여 고정시킨다. 단, Stand의 수직축과 점도계의 축이 일치하게 한다. 다른 실험자들이 좌우, 상하에서 보면서 수직여부를 일치하게 도와주어야 한다.

3) [그림 2.1]의 g부분을 이용하여 주사기나 메스실린더를 이용하여 유체를 [그림 2.3] (b)와 같이 주입시킨다.

4) [그림 2.1]의 a부분에 연결된 주사기를 통하여 [그림 2.3] (c)와 같이 실험유체를 b선까지 기포 없이 채운다. 이 과정이 제일 중요하고 어려운데 이 과정 속에서 기포가 발생되면 다시 해야 하고, 다시 수직여부를 확인한다.

5) 액면이 b선에서 e선까지 하강하는 시간을 [그림 2.3] (d)와 같이 Stop Watch로 측정한다. 이때 액체는 모세관 e에서 f선까지 유동한다.

6) 오차를 적게 하기 위해 같은 실험을 5회 이상 반복하여 평균값을 기록한다.

5 결과 및 검토

Ostwald 점도계를 이용하여 측정하고자 하는 유체의 점성계수를 실험으로 구하고, 그 결과를 자료[31])에 나와 있는 점성계수 값과 비교한다.

<표 Ⅲ-2-1> Ostwald 점도계를 이용한 실험결과 표

항목 \ 횟수	물						실험 유체 ( )					
	1	2	3	4	5	평균	1	2	3	4	5	평균
시 간(t)												
밀 도(ρ)												
점성계수(μ)												
온 도(℃)												

---

31) 우유나 커피 등과 유체들은 제조사 홈페이지에 방문하거나 인터넷자료를 찾아보고 참값과 비교해 보자.

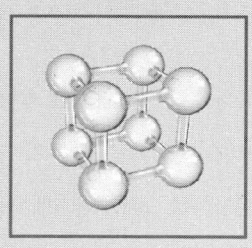

3. 레이놀즈 수 측정

1 실험 목적

실제 유체의 유동은 점성에 의한 마찰로 인해 이상유체의 유동보다 대단히 복잡하다. 점성유동은 층류와 난류유동으로 구분된다. 본 실험은 관내의 유체의 유동상태를 관찰하면서 층류와 난류로 구분하고, 이때의 레이놀즈 수를 구하여 층류와 난류의 개념을 이해하는 데 있다. 또한 상, 하임계 레이놀즈 수를 계산하는데 목적이 있다.

2 관련 이론

유체유동에서 유체입자들이 층을 이루면서 섞임이 없이 유동할 때를 층류 (Laminar Flow)라 하고, 이와 반대로 유체입자들이 대단히 불규칙적인 경로로 움직일 때 난류 (Turbulent Flow)라 한다. 유체의 평균속도를 V, 관의 내경을 d, 유체의 밀도와 점성계수를 각각 ρ와 μ라고 하면 레이놀즈 수를 다음과 같이 나타낼 수 있다. 여기서 ν는 동점성계수이다.

$$Re = \frac{\rho Vd}{\mu} = \frac{Vd}{\nu} \tag{3.1}$$

$$V = \frac{Q}{A} = \frac{4Q}{\pi d^2} \tag{3.2}$$

$$Re = \frac{4Q\rho}{\mu} = \frac{4Q}{\pi d \nu} \tag{3.3}$$

층류에서 난류로, 또는 난류에서 층류로 천이할 때의 유속을 임계속도라 하고, 그 때의 레이놀즈 수를 임계 레이놀즈수라고 한다. 층류에서 난류로 바뀔 때의 레이놀즈수의 값을 상임계 레이놀즈 수라 하고, 난류에서 층류로 바뀔 때의 레이놀즈수를 하임계 레이놀즈 수라 한다.

　　　　a) 층류　　　　　　　b) 천이　　　　　　　c) 난류

[그림 3.1] 파이프내의 유동형태

3 실험 장치

- 레이놀즈 수 측정장치, 염료, Mass Cylinder, Stop Watch(핸드폰), 온도계
- 유리관의 직경　d = 0.020 [m]

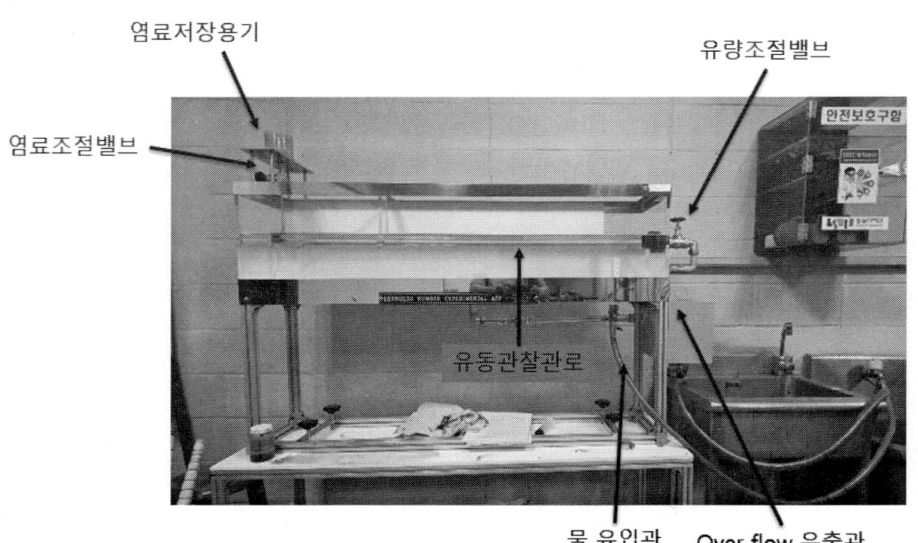

[그림 3.2] 레이놀즈 수 측정 실험장치의 개략도

4 실험 방법

(1) Reynolds 수 측정 장치에서 유량조절밸브를 잠그고 물을 유입시켜 저수탱크에 물을 채운다. 이때 물이 넘치게 하여 수두가 일정하게 유지되도록 해야 한다.
(2) 유량조절밸브를 약간 열어 유동관찰배관 내로 물이 흐르게 한다.
(3) 염료조절밸브를 열어 염료가 유동관찰배관 내로 흐르도록 한다.
(4) 상임계 레이놀즈 수의 측정(층류→난류)
  1) 유량조절밸브를 적당히 잠가서 관찰배관 내의 유동이 층류가 되도록 한다.
  2) 유량조절밸브를 서서히 열어 파이프 내의 물의 유속을 증가시킨다.
  3) 층류에서 난류로 넘어가는 직전의 상태에서 유량조절 밸브를 고정시키고 Mass Cylinder 및 Stop Watch로 유량을 정확히 측정한다.
  4) 위의 절차를 5회 이상 반복하면서 결과를 측정한다. 실험 시 실험장치 주위의 충격, 진동을 방지한다.

(5) 하임계 레이놀즈 수의 측정(난류→층류)
  1) 유량조절밸브를 적당히 잠그면서 관찰배관 내의 유동이 난류가 되도록 한다.
  2) 유량조절밸브를 서서히 잠그며 파이프 내의 물의 유속을 감가시킨다.
  3) 난류에서 층류로 넘어가는 직전의 상태에서 유량조절 밸브를 고정시키고 Mass Cylinder 및 Stop Watch로 유량을 정확히 측정한다.
  4) 위의 절차를 5회 이상 반복하면서 결과를 측정한다. 실험 시 실험장치 주위의 충격, 진동을 방지한다.

(6) 물의 온도를 측정하고 물의 절대점성계수와 밀도를 구하여 계산식에 반영한다.

5 결과 및 검토

(1) 실험값과 이론값을 비교해 오차가 있다면 그 이유를 생각해 보자.
(2) 레이놀즈 수의 측정실험은 유체의 입자운동에 관계되므로 실험장치 및 주위의 진동이나 충격 등에 의해서 Re 수의 값 차이가 생기므로 최대한 정숙한 실험을 요한다. 또한, 밸브를 조정하는 데에도 세밀하고 정확해야 하며, 세심한 관찰이 필요하다. 측정한 실험치가 상이할 때는 원인을 규명하여야 한다.

<표 3.1> 레이놀즈 수 측정실험 결과 표

구 분	회 수	물의 양 (ml)	시 간	유 량 (m^3/s)	유 속 (m/s)	Re
상임계 Re수	1					
	2					
	3					
	4					
	5					
	평균					
하임계 Re수	1					
	2					
	3					
	4					
	5					
	평균					
물의 성질	물의 온도(℃)		절대점성계수($Pa·s$)		밀도(kg/m^3)	

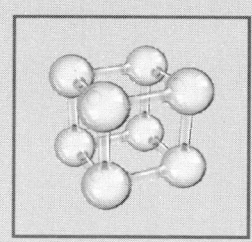

4. 제트충돌 실험

1 실험 목적

제트에 의해 타킷에 작용하는 힘을 실험으로 구하고 유체역학에 배운 이론값과 비교한다. 유체의 운동량법칙을 이용하여 힘을 구해본다. 유속이 힘의 함수임을 확인한다. 형상이 다른 물체표면에 제트에 의해 작용하는 힘을 실험으로 구하고 이론값과 비교한다.

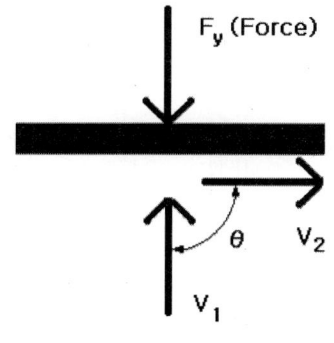

[그림 4.1] 힘의 평형상태

2 관련 이론

운동량방정식으로부터

$$F_y = \rho Q(V - V\cos\theta), \quad V = Q/A \tag{4.1}$$

$$90° \text{ 평판} \quad : F_y = \rho Q(V - 0) = \frac{\rho Q^2}{A}$$

$$120° \text{ 평판} : F_y = \rho Q[V-(-1/2)V] = \frac{3\rho Q^2}{2A}$$

$$\text{반구형 물체} : F_y = \rho Q[V-(-V)] = \frac{2\rho Q^2}{A}$$

3 실험 장치

- Hydraulic Bench 및 제트충돌 실험장치, Stop Watch, 분동(추)
- 제트 노즐의 직경 : d = 0.008 [m]

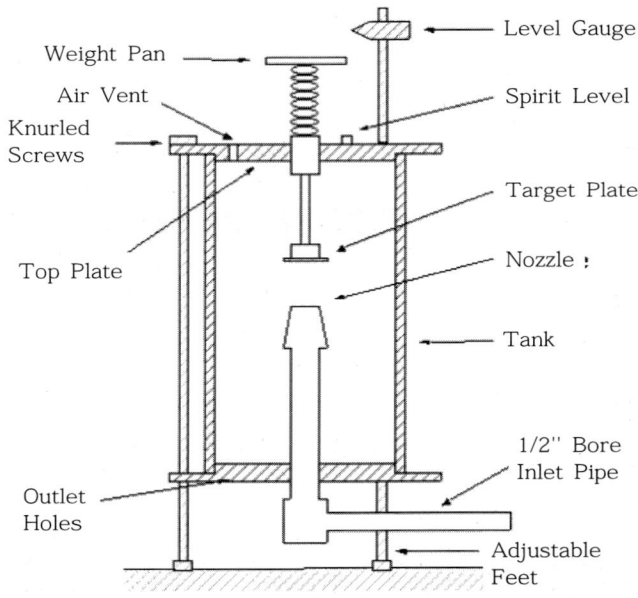

[그림 4.2] 제트충돌 실험장치의 개략도

4 실험 방법

(1) 상판과 투명한 케이싱을 제거하고, 노즐의 직경을 측정하고 Target를 Pan에 붙어 있는 Rod위에 부착한다.

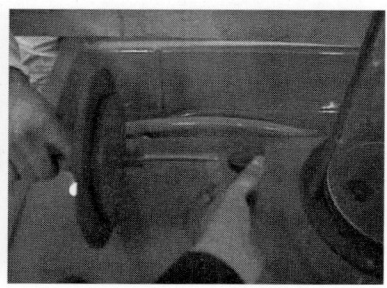

(2) Inlet pipe를 Hydraulic Bench에 연결한다.

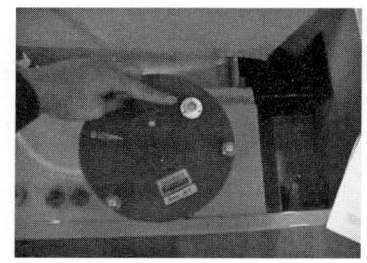

(3) 수준기를 이용하여 실험 장치를 수평으로 맞춘다.
(4) Weight Pan의 선을 Level Gauge에 맞춘다.

(5) 추를 이용하여 Weight Pan위에 추를 얹어, Bench의 Control Valve를 작동시켜서 물이 유동되게 만든다.

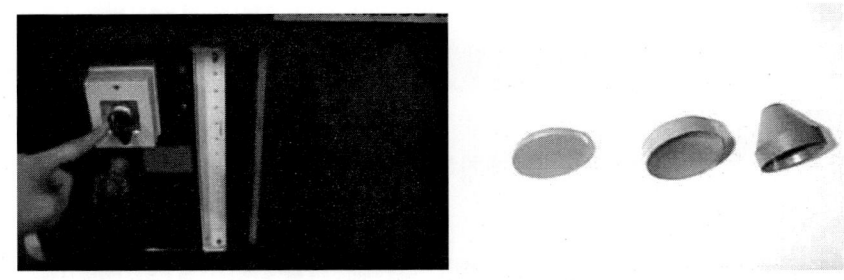

　　　　　　　　　　　　　　90도　　　120도　　반구형

(6) Level Gauge에 일치될 때까지의 유량을 조절한다. 이때 유량은 위 그림 우측에 나타난 수준계를 이용하여 일정한 체적이 증가하는 시간을 계산하여 유량을 측정한다. Level Gauge가 Weight Pan의 중심 위치와 일치되면 일정한 유량이 흐를 때의 시간을 측정하여 실험결과표에 기록한다.

(7) 중량을 증가시키면서 (1)~(6)을 반복 조작한다. 하나의 Target Plate에 대한 실험이 끝나면 다른 Target Plate을 부착하여 (2)~(6)의 순서를 반복하면서 실험하여 결과를 얻는다. 동일한 Target Plate에서 적어도 3번 이상 반복 실험한다.

5 결과 및 검토

(1) 이론값과 비교하여 오차가 있다면 오차를 분석하고 그 이유를 생각해보자
(2) Target Plate의 형태에 따라 힘의 크기가 어떻게 바뀌는지는 토론해보자

<표 4.1> 제트충돌실험 측정자료

반구형 pan	체적				시간				유량				충격힘			
	1회	2회	3회	평균	1회	2회	3회	평균	1회	2회	3회	평균	1회	2회	3회	평균
1																
2																
3																
4																
5																
6																

90° pan	체적				시간				유량				충격힘			
	1회	2회	3회	평균	1회	2회	3회	평균	1회	2회	3회	평균	1회	2회	3회	평균
1																
2																
3																
4																
5																
6																

120° pan	체적				시간				유량				충격힘			
	1회	2회	3회	평균	1회	2회	3회	평균	1회	2회	3회	평균	1회	2회	3회	평균
1																
2																
3																
4																
5																
6																

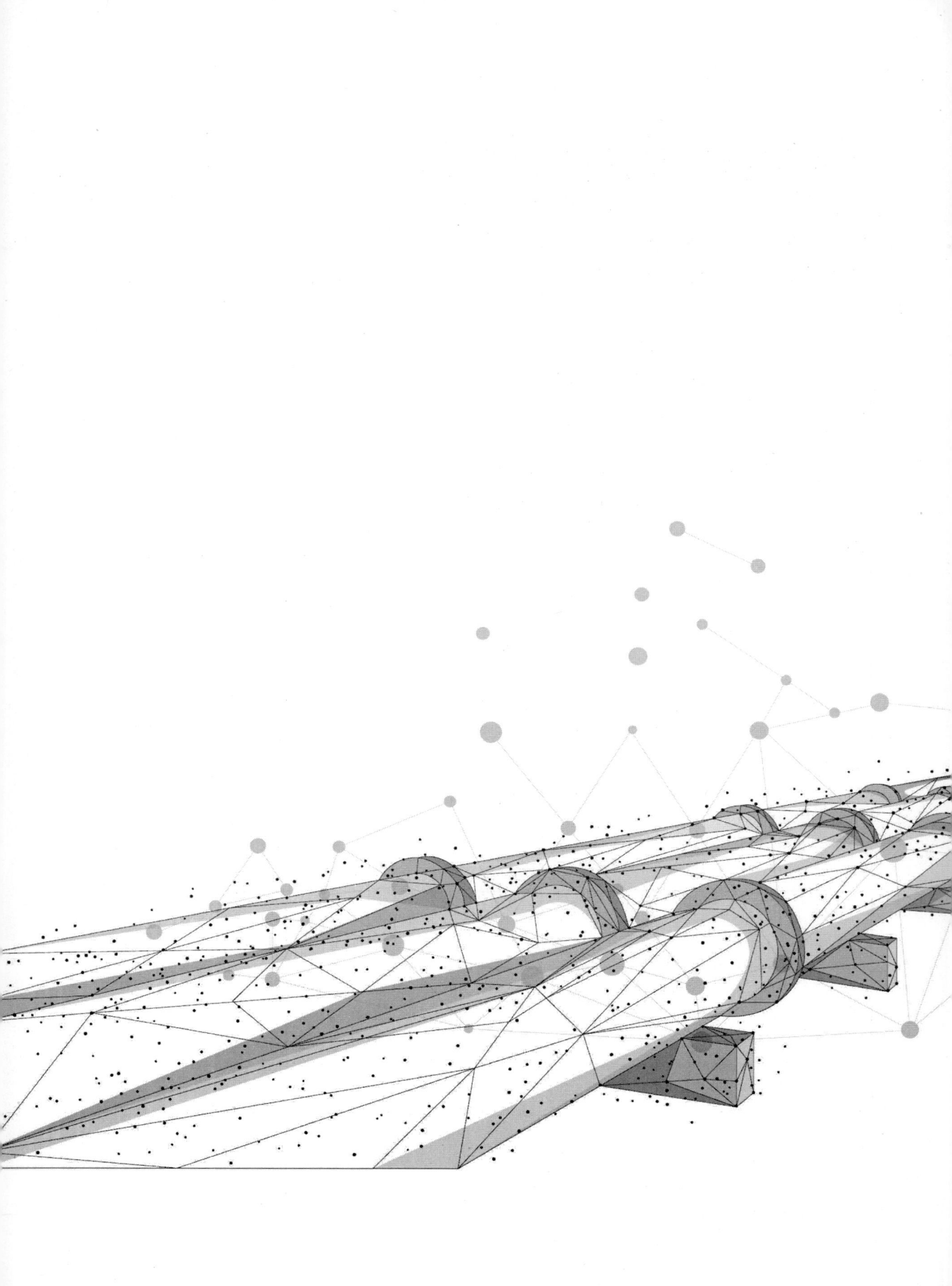

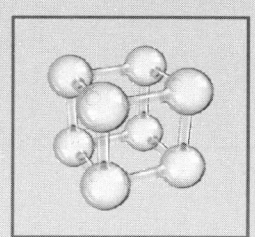

5. 유체관로의 부손실 측정

1 실험 목적

유체 관로에서 유동은 손실을 발생시킨다. 손실에는 주손실(Major Loss)[32]과 부손실(Minor Loss)이 있다. 주손실은 마찰(Friction)에 의한 손실을 의미하고 부손실은 관내 입구, 곡관, 관 부속품(Pipe Fitting) 등의 유동저항에 의한 손실이다. 본 실험에서 유체관로내의 확대관과 축소관, 그리고 관부속품의 부손실을 실험적으로 측정하고 이론적 값과 비교하면서 손실의 의미를 파악하는데 있다. 주손실에 대한 등가길이(Equivalent Length)와 비교하여 부손실 개념을 정확히 파악해야 한다.

2 관련 이론

부손실은 식 (5.1)으로 구할 수 있다.

$$H_{l_m} = K\frac{V^2}{2g} = f\frac{L_e}{D_h}\frac{V^2}{2g} \tag{5.1}$$

위 식에서 K는 손실계수이며 본 실험에서 구하는 값이다. 여기서 L_e와 D_h는 각각 등가(상당)길이와 수력직경(Hydraulic Diameter)을 의미한다.

이때 등가길이는 식 (5.2)와 같은 Blasius 수식[33]으로 구하며, 이 식은 많은 마찰계수를 구하는 수식 중 가장 간단히 계산하기 쉬운 상관식이다.

$$L_e = \frac{K}{f}D_h, \quad f = \frac{0.316}{Re^{0.25}} \tag{5.2}$$

---

32) 주손실 실험을 하지 않기 때문에 이에 대한 개념은 관련이론을 참조하자.
33) 조도를 고려하려면 Cole-Brook식을 이용해주어야 한다.

3 실험 장치

유체관로 부손실 실험장치는 [그림 5.1]과 같다. 실험장치 중에서 각 부분에 대한 치수는 [표 5.1]과 같다.

[표 5.1] 유체관로 실험장치의 각 부분의 치수

위 치	치 수 [m]
관 직경	0.0196
확대관 직경	0.0260
Long Bend 곡률	0.0912
Short Bend 곡률	0.0456

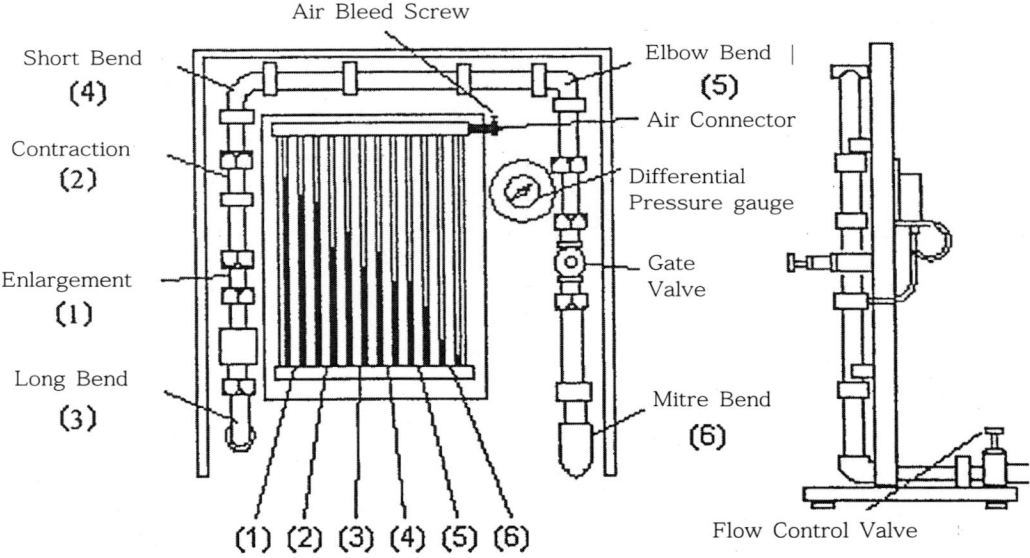

[그림 5.1] 유체관로 실험 장치의 개략도

4 실험 방법

(1) 수조에 물을 채우고 전원장치를 연결한다.
(2) 전원을 넣는다.

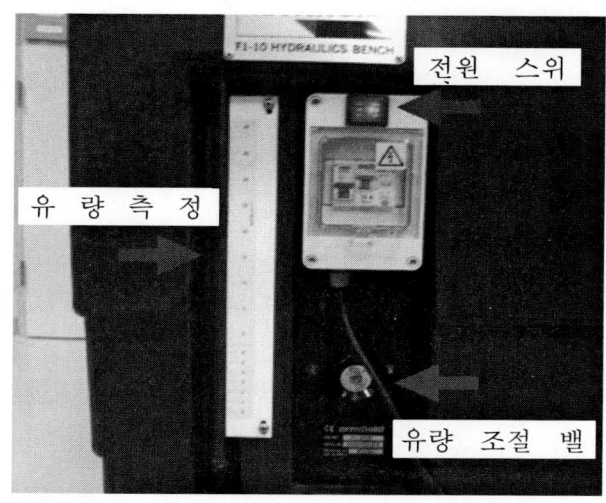

(3) 밸브를 완전히 개방하여 관로 내 공기를 제거한다.

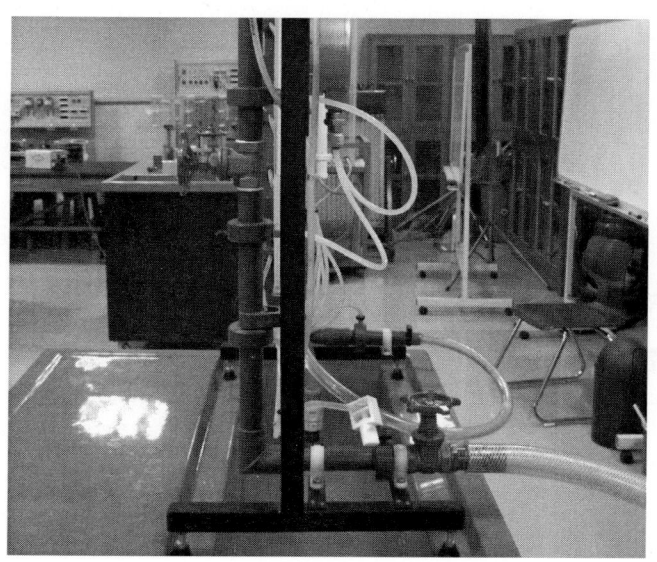

(4) 밸브를 이용하여 유량과 관로 내 압력을 적절히 조정한 후 공기 흡입 나사를 이용하여 마노메터에 공기를 유입시킨다. 이 과정이 제일 어렵다.[34]

(5) 유량을 일정하게 유지한 후 손실에 의한 수두차를 액주계에서 읽는다.
(6) 수조의 마개를 막은 후 유량측정 게이지와 스톱워치를 이용하여 유량을 구한다.

(7) 유량을 바꾸어 가면서 여러 번 실험하여 결과값을 측정한다.
　　(최대 유량 17liter/min) - 6등분해야 한다.
(8) 반복실험을 한다.

---

34) 이 부분을 만들기 어렵기 때문에 반드시 실험 전 예습을 통하여 동영상을 보고 익숙해져야 한다.

5 결과 및 검토

● 확대관

		밸브개도					
		1	2	3	4	5	6
$\triangle h\,(m)$	1회						
	2회						
	3회						
	평균						
시간 [s]	1회						
	2회						
	3회						
	평균						
체적(리터)							
$Q\,(m^3/s)$	1회						
	2회						
	3회						
	평균						
$V\,(m/s)$	1회						
	2회						
	3회						
	평균						
$\dfrac{V^2}{2g}$	1회						
	2회						
	3회						
	평균						
K	1회						
	2회						
	3회						
	평균						
전체평균							
레이놀즈 수							
이론 값							
f							
등가길이							

* 등가길이를 구할 때 f는 Blasius 상관식으로 구하면 된다.

● 축소관

		밸브개도					
		1	2	3	4	5	6
△h (m)	1회						
	2회						
	3회						
	평균						
시간 [s]	1회						
	2회						
	3회						
	평균						
체적(리터)							
$Q(m^3/s)$	1회						
	2회						
	3회						
	평균						
$V(m/s)$	1회						
	2회						
	3회						
	평균						
$\frac{V^2}{2g}$	1회						
	2회						
	3회						
	평균						
K	1회						
	2회						
	3회						
	평균						
전체평균							
레이놀즈 수							
이론 값							
f							
등가길이							

* 등가길이를 구할 때 f는 Blasius 상관식으로 구하면 된다.

마이터관

		밸브개도					
		1	2	3	4	5	6
$\triangle h(m)$	1회						
	2회						
	3회						
	평균						
시간 [s]	1회						
	2회						
	3회						
	평균						
체적(리터)							
$Q(m^3/s)$	1회						
	2회						
	3회						
	평균						
$V(m/s)$	1회						
	2회						
	3회						
	평균						
$\dfrac{V^2}{2g}$	1회						
	2회						
	3회						
	평균						
K	1회						
	2회						
	3회						
	평균						
전체평균							
레이놀즈 수							
이론 값							
f							
등가길이							

* 등가길이를 구할 때 f는 Blasius 상관식으로 구하면 된다.

● 엘보우

		밸브개도					
		1	2	3	4	5	6
$\triangle h\,(m)$	1회						
	2회						
	3회						
	평균						
시간 [s]	1회						
	2회						
	3회						
	평균						
체적(리터)							
$Q\,(m^3/s)$	1회						
	2회						
	3회						
	평균						
$V\,(m/s)$	1회						
	2회						
	3회						
	평균						
$\dfrac{V^2}{2g}$	1회						
	2회						
	3회						
	평균						
K	1회						
	2회						
	3회						
	평균						
전체평균							
레이놀즈 수							
이론 값							
f							
등가길이							

* 등가길이를 구할 때 f는 Blasius 상관식으로 구하면 된다.

● 단곡관

		밸브개도					
		1	2	3	4	5	6
$\triangle h(m)$	1회						
	2회						
	3회						
	평균						
시간 [s]	1회						
	2회						
	3회						
	평균						
체적(리터)							
$Q(m^3/s)$	1회						
	2회						
	3회						
	평균						
$V(m/s)$	1회						
	2회						
	3회						
	평균						
$\dfrac{V^2}{2g}$	1회						
	2회						
	3회						
	평균						
K	1회						
	2회						
	3회						
	평균						
전체평균							
레이놀즈 수							
이론 값							
f							
등가길이							

* 등가길이를 구할 때 f는 Blasius 상관식으로 구하면 된다.

⬤ 장곡관

		밸브개도					
		1	2	3	4	5	6
$\triangle h (m)$	1회						
	2회						
	3회						
	평균						
시간 [s]	1회						
	2회						
	3회						
	평균						
체적(리터)							
$Q(m^3/s)$	1회						
	2회						
	3회						
	평균						
$V(m/s)$	1회						
	2회						
	3회						
	평균						
$\dfrac{V^2}{2g}$	1회						
	2회						
	3회						
	평균						
K	1회						
	2회						
	3회						
	평균						
전체평균							
레이놀즈 수							
이론 값							
f							
등가길이							

* 등가길이를 구할 때 f는 Blasius 상관식으로 구하면 된다.

(1) 각 부품에 대한 부차적 손실을 구하고 이를 이론적 값과 비교하고 차이가 나는 이유를 토론해라.

(2) 부손실 계수 K값과 Re수 변화에 따른 그래프를 구하고 Re수에 따라 부손실 계수의 값이 변화가 있는지 확인하고 이에 대한 토론을 하라. (정답: Re수가 커지면 부손실의 값이 커지는데 이때 부차적 손실 계수는 일정하고 속도에너지가 증가되기 때문이다. 이를 이해해야 한다.)

(3) 등가길이를 구하고 등가길이에 대한 정의와 개념에 대하여 검토하라.

(4) 마찰계수를 구하는 수식은 여러 가지가 있는데 본 실험에서 Blasius 상관식을 사용한 이유를 설명하고 Moody 선도와 Cole-brook 수식과 비교하여 설명하라.

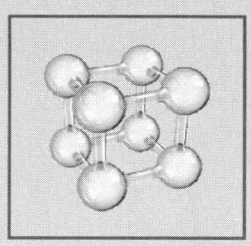

6. 펌프성능 실험

1 실험 목적

펌프의 성능특성을 파악하고 원심펌프의 작동원리를 이해하는데 실험의 목적이 있다. 실험을 통하여 원심펌프에서 유량변화에 따른 양정(H), 수동력(L_w), 축동력(L_s) 및 효율(η)를 구하고, 성능곡선(H-Q, L_s-Q, η-Q)을 그리는데 있다. 최고 효율점의 유량, 양정, 회전수로부터 비속도를 계산한다.

2 관련 이론

(1) 전양정(Total Head)의 계산

$$H = \frac{p_d - p_s}{\gamma} + \frac{V_d^2 - V_s^2}{2g} + y + h_l \tag{6.1}$$

$$V = \frac{Q}{A} = \frac{4Q}{\pi D^2} \tag{6.2}$$

이 때, 직경 D_d=50mm, D_s=65 mm, y=게이지의 높이차이다. 단 식 (6.1)에서는 손실[35]은 무시한다. d와 s의 첨자는 토출(Discharge)과 흡입 (Suction)의 약자이다.

(2) 유량(Capacity)의 계산

식 (6.2)의 유량은 [그림 6.1]과 같은 삼각위어에서 θ=90°일 때 식 (6.3)과 같이 유량을 구할 수 있다.

---

[35] 손실은 주손실, 부손실등이 있는데 이를 계산하려면 많은 시간이 소요되므로 본 실험에서는 생략한다.

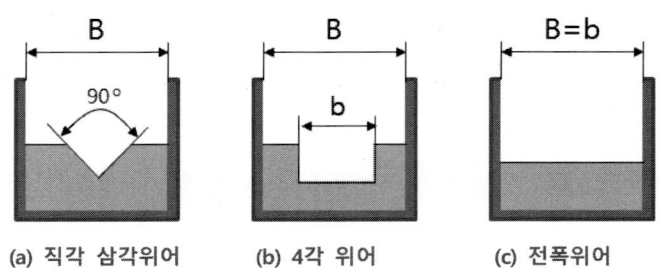

(a) 직각 삼각위어　　(b) 4각 위어　　(c) 전폭위어

[그림 6.1] 위어의 종류

$$Q = Kh^{5/2} \, (m^3/\min) \tag{6.3}$$

여기서, 유량계수 K는 식 (6.4)와 같다.

$$K = 81.2 + \frac{0.24}{h} + (8.4 + \frac{12}{\sqrt{D}})(\frac{h}{B} - 0.09)^2 \tag{6.4}$$

위 식에서 h는 위어의 헤드(m), B는 수로의 너비(603 mm), D는 수로바닥에서 노치 바닥까지의 높이(149 mm)이다.

(3) 수동력 계산과 축동력(3상 전력) 측정

$$L_W = \frac{\gamma Q H}{735.5} \, (HP) = \frac{\gamma Q H}{1000} \, (kW) \tag{6.5}$$

$$L_S = \frac{\sqrt{3} \cdot E \cdot I \cdot eff_{motor}}{1000} \, (kW) = \frac{50\sqrt{3} \cdot W \cdot eff_{motor}}{1000} \, (kW) \tag{6.6}$$

- 여기서 [그림 6.2]와 같은 역률($\cos\theta$) 무시한다.[36]

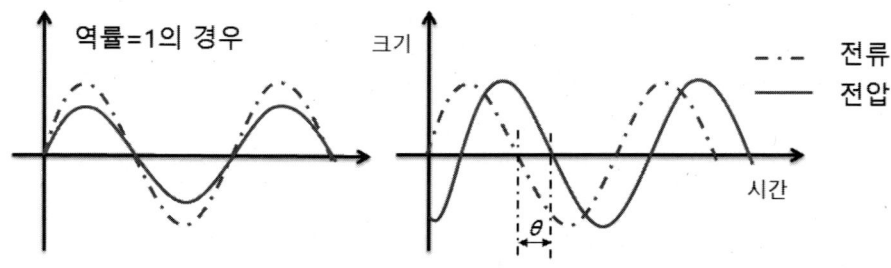

[그림 6.2] 역률의 개념

---

36) 역률은 전압과 전류의 위상차이다. 전류와 전압이 같이 인입되지 않고 위상차가 발생하게 된다는 의미한다. 역률이 1이라는 것은 위상차가 없는 품질이 좋은 전기를 의미한다.

(5) 효율 계산

$$\eta_p = \frac{L_W}{L_S} \tag{6.7}$$

(6) 최고 효율점에서 비속도(Specific Nunber)[37]을 구한다.

$$N_S = \frac{N\sqrt{Q}}{H^{3/4}} \; (rpm \cdot m \cdot m^3/\text{sec}) \tag{6.8}$$

3 실험 장치

유체기계 종합 실험장치, Tachometer, 전류계, 전압계, 노트북 등

[그림 6.3] 펌프성능시험장치

---

[37] 비속도는 매우 중요한 개념이기 하나 이해하기 어려운 개념이다. 자세한 것은 유체기계 책을 보고 예습하거나 담당교수나 담당조교에게 문의 바란다.

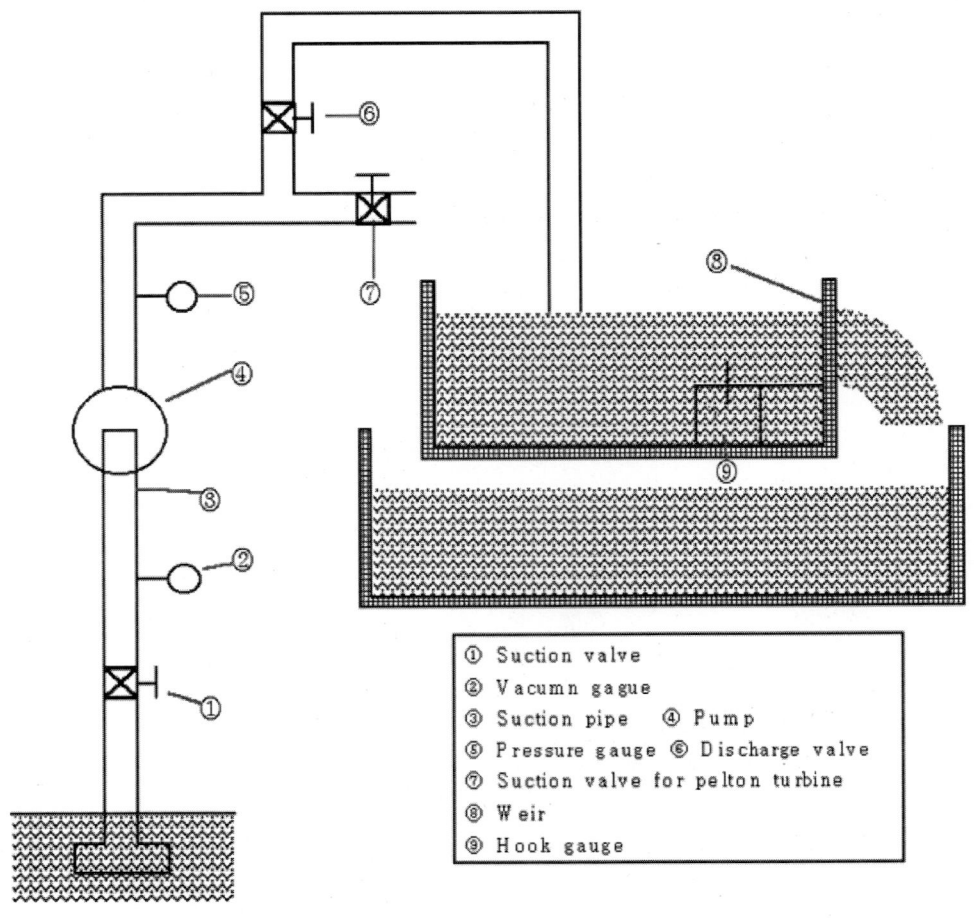

[그림 6.4] 펌프성능시험장치의 개략도

4 실험 방법

(1) 저수조에 물을 채운 후 송출밸브 ⑦을 잠근 후 모든 밸브를 개방한다.

(2) [그림 6.5]의 배전판에서 스위치를 올려 펌프에 전원을 준 후 펌프가 작동하는가를 확인한다. 펌프의 모터가 규정회전수에 도달하면 실험을 시작한다. 물이 없이 펌프를 운전하는 것을 삼가야 한다.

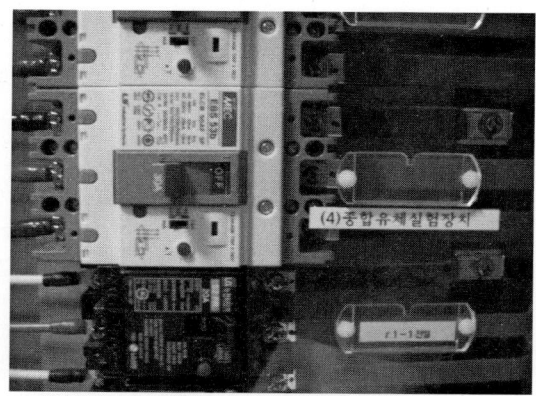

[그림 6.5] 배전판내 작동 스위치

(3) [그림 6.5]와 같이 비접촉 Tachometer(타코미터)를 이용하여 펌프의 회전수를 측정한다.
- 타코미터에서 발사된 레이저를 인식하게 회전하는 축에 은박지(발광스티커)를 붙인다. (이미 부착되어 있음)
- 회전하는 축과 수직되게 레이저를 발사시킨다.
- 값이 안정될 까지 기다린다. (4극 모터이므로 회전수는 1800rpm 정도가 되어야 한다)

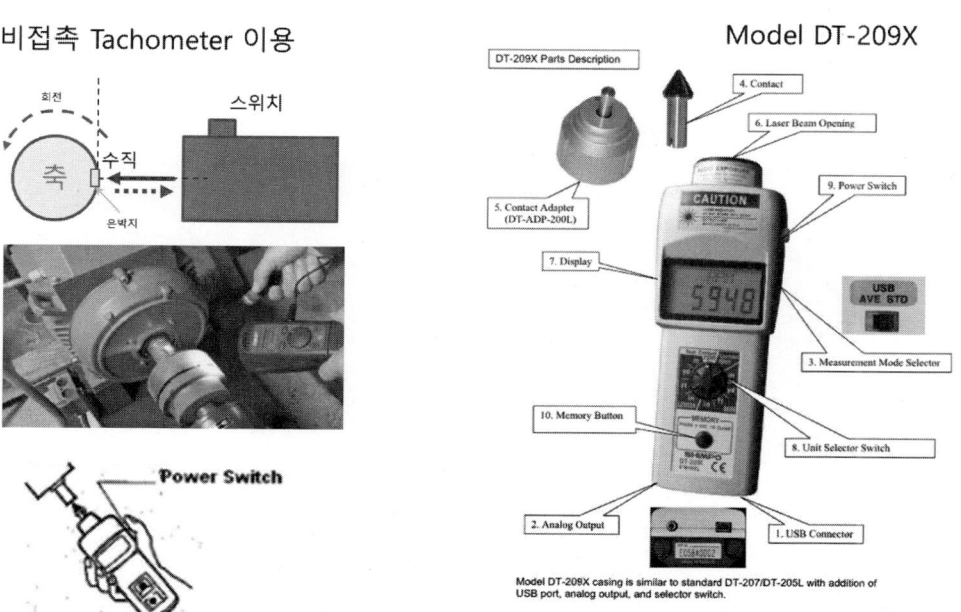

[그림 6.5] 타코미터의 명칭과 측정방법

6. 펌프성능 실험 **187**

(4) 실험준비가 모두 끝나면, [그림 6.5]와 같이 토출밸브를 닫은 상태에서 완전개방 상태까지 1/8 회전씩 밸브를 개방한다.(유량변화가 많은 부분은 1/16씩 개방)

[그림 6.5] 토출밸브(빨간색 손잡이)

(5) 이때 [그림 6.6]과 같이 흡입압력계와 토출압력계를 이용하여 흡입과 토출압력을 측정한다.

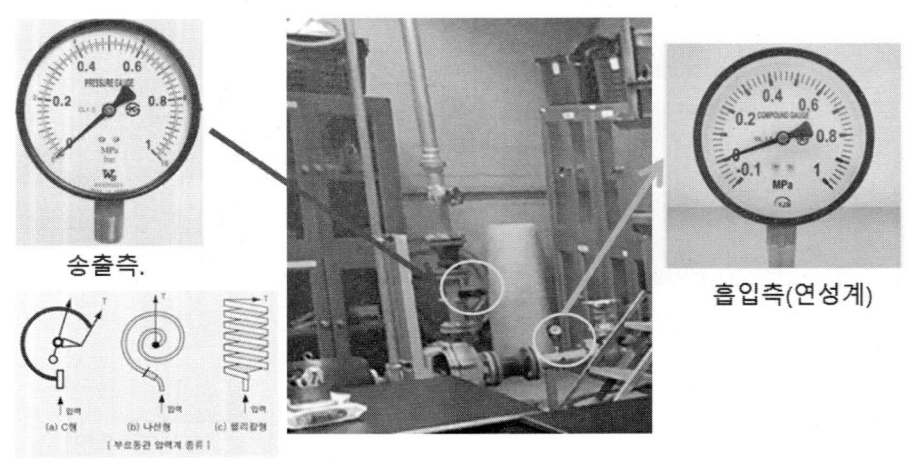

[그림 6.6] 부르동(Bourdon) 압력계의 종류

(6) [그림 6.7]과 같이 후크 메터(Hook Meter)를 이용하여 전류와 전압을 측정하고
    식 (6.6)을 이용하여 전력량을 측정한다.

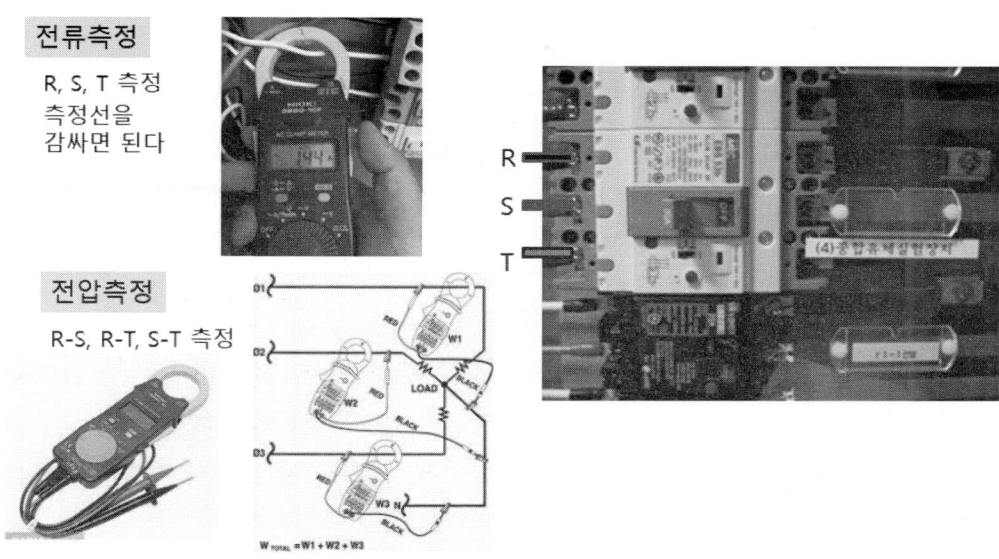

[그림 6.7] 전력량 측정 방법

 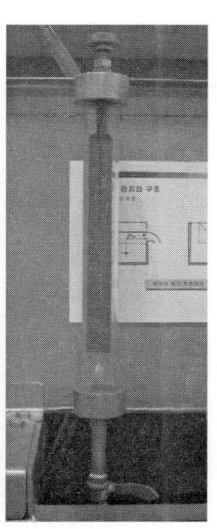

[그림 6.8] 삼각위어와 훅 게이지

(7) 위어(Weir)에서의 높이를 훅 게이지(Hook Gauge)를 이용하여 측정한다.
    (위어에서 높이가 안정될 때까지 3~4분후에 측정)

(8) 밸브를 1/8씩 계속 개방하면서 위의 실험을 반복한다.

(9) 오차를 줄이기 위하여 각 실험마다 3회 측정한 뒤 산술평균한 값을 채택한다.

(10) 실험결과표에 측정결과를 기재한다. 가지고 온 노트북을 이용하여 결과값을 기록한다.

5 결과 및 검토

(1) 펌프성능곡선을 Excel을 이용하여 그래프로 나타내고 결과를 비교하고 유량과 양정, 수동력 및 효율간의 관계에 대해 알아본다.
   - 동력이 유량이 증가함에 따라 증가하는지 감소하는지 검토하라
   - 양정이 유량이 증가함에 따라 증가하는지 감소하는지 검토하라
   - 효율은 어떤 점에서 가장 큰지 확인하고 왜 그런지 설명하라

(2) 펌프의 비속도에 대한 토론해라.

[표 8.1] 펌프 성능실험 자료 표

밸브개도		1	2	3	4	5	6	7	8
물의 온도									
회전수 (rpm)	1회								
	2회								
	3회								
	평균								
Hook gage (mm)	1회								
	2회								
	3회								
	평균								
K	1회								
	2회								
	3회								
	평균								
송출유량 $Q(m^3/s)$	1회								
	2회								
	3회								
	평균								

송출압력 P_d (kgf/cm²)	1회								
	2회								
	3회								
	평균								
흡입압력 P_s (kgf/cm²)	1회								
	2회								
	3회								
	평균								
압력계 거리	[m]								
송출유속 $V_d\ (m/s)$	1회								
	2회								
	3회								
	평균								
흡입유속 $V_s\ (m/s)$	1회								
	2회								
	3회								
	평균								
전양정 H(m)	1회								
	2회								
	3회								
	평균								
수동력 L_w(kW)	1회								
	2회								
	3회								
	평균								
입력전압 (V)	1회								
	2회								
	3회								
	평균								
입력전류 I(A)	1회								
	2회								
	3회								
	평균								
입력전력 W(Watt)	1회								
	2회								
	3회								
	평균								
펌프효율 η (%)	1회								
	2회								
	3회								
	평균								
비속도	Ns								

* 비속도는 최고효율점에서만 기록한다.

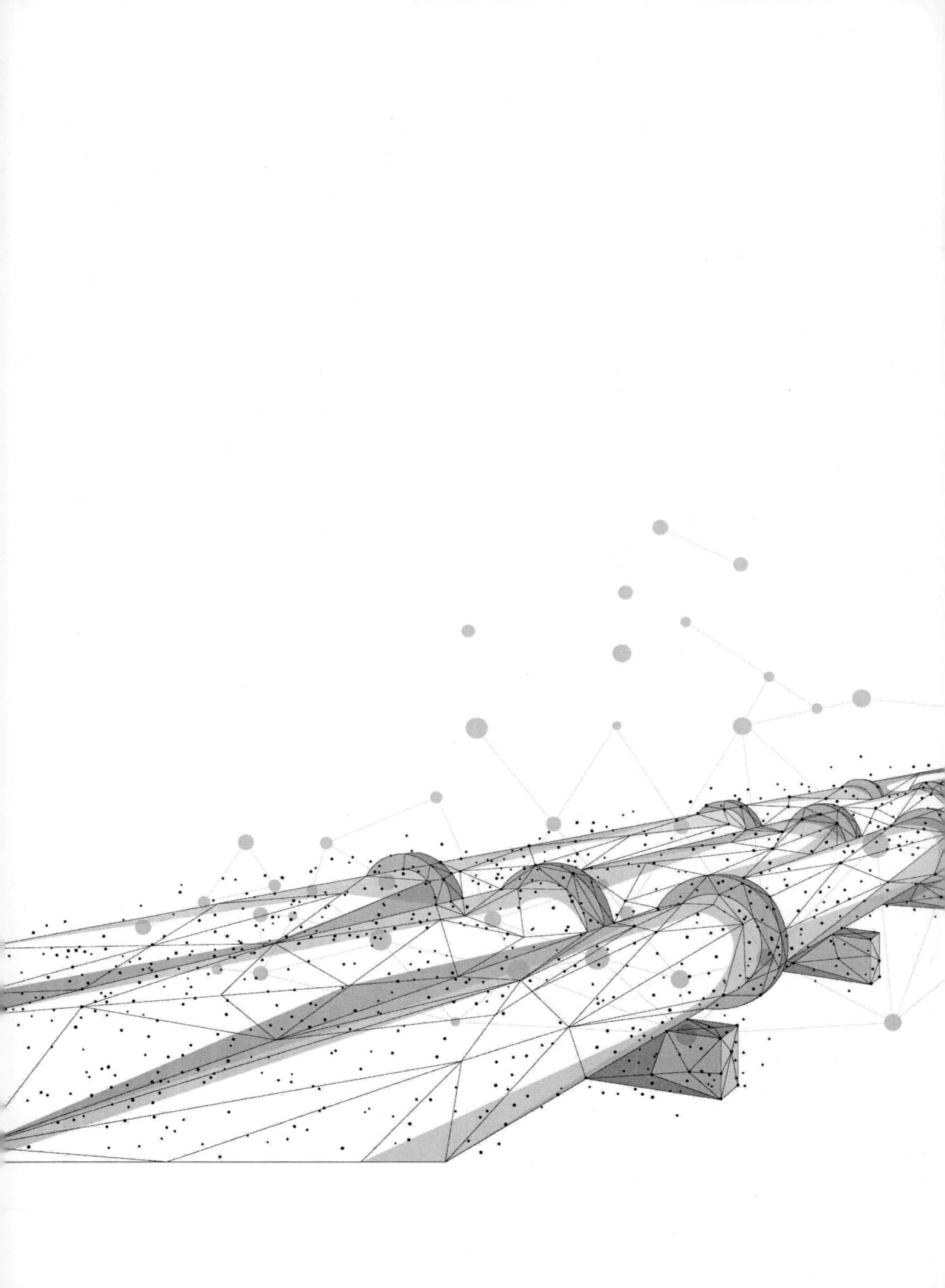

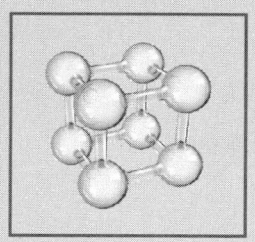
7. 외부유동 실험

1 실험 목적

- 실험적인 방법으로 물체 주위의 유동정보를 구하고자 할 때 풍동실험을 수행한다.
- 본 실험에서는 원통형의 압력과 속도분포를 구하고 압력계수를 계산한다.
- 역압력 구배 및 박리에 대하여 이해한다.
- 외부유동의 층류와 난류일 때 박리점이 변화가 어떻게 되는 지 확인해본다.
- 골프공에 왜 dipple을 생성하는지 생각해 본다

2 관련 이론

실린더 표면의 압력은 [그림 7.1]과 층류인 경우는 유동박리는 약 $\theta = 80°$(실린더의 정체점에서부터 측정될 때) 근처에서, 경계층이 난류일 경우 유동박리는 $\theta = 140°$ 근처에서 나타난다. 이를 각도별로 나타내면 [그림 7-2]와 같다. [그림 7-2]에서 나타난 이론분포는 비압축성, 비점성유체에 대한 식 (7.1)과 같다. 식 (7.1)의 속도 U_o와 p_o는 각각 자유유동(Free Stream)에서의 속도와 압력이다.

$$C_p = \frac{p - p_o}{\frac{1}{2}\rho U_o^2} = 1 - 4\sin^2\theta \tag{7.1}$$

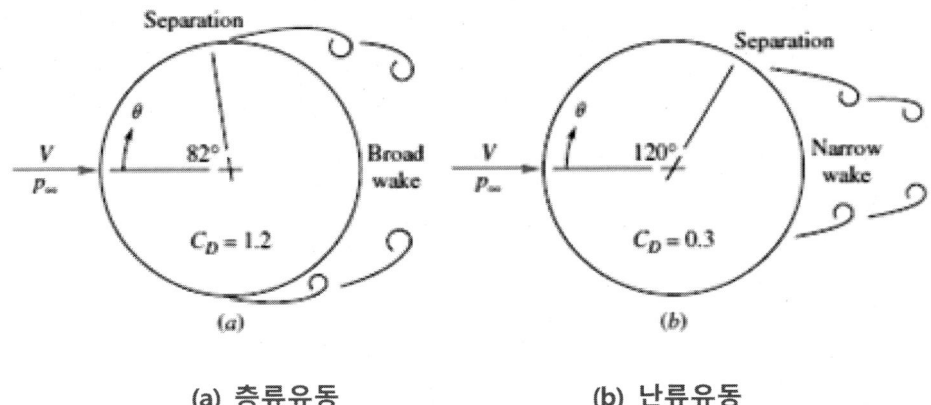

(a) 층류유동   (b) 난류유동

[그림 7.1] 원기둥 주위의 유동

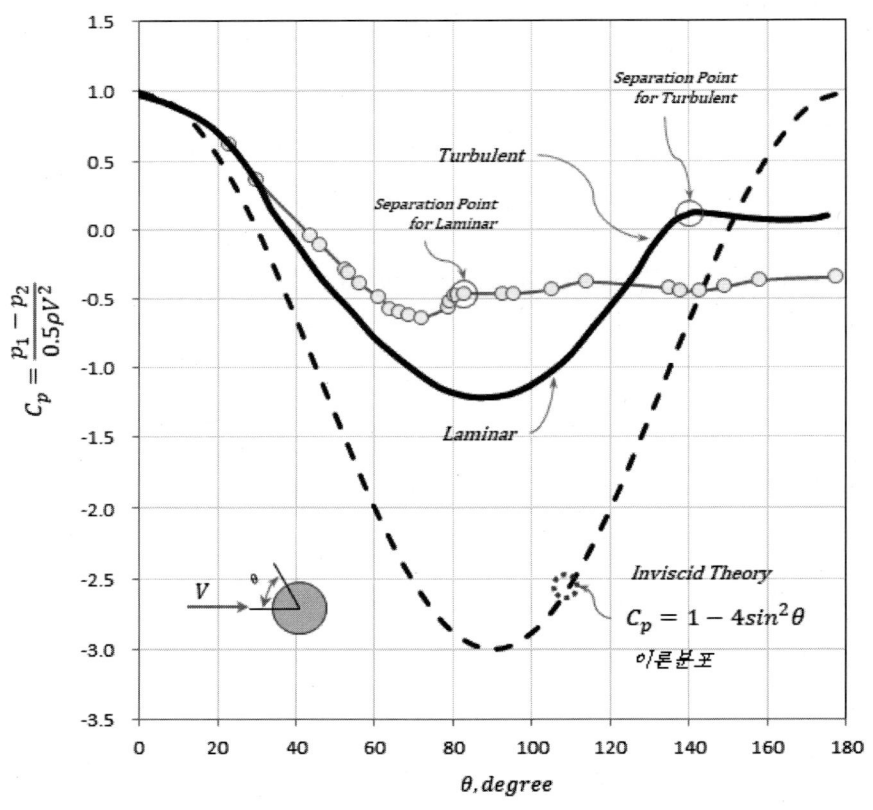

[그림 7-2] 비점성유동과 비교한 층류 및 난류 경계층 유동에 대한 매끈한 구 주위의 압력분포

[그림 7-2]에는 유동에 따른 레이놀즈수에 따라 층류와 난류유동이 다르게 나타난다. 외부유동일때는 레이놀즈 수는 식 (7.2)와 같이 특성길이(Characteristic Length)가 사용되는 수식을 사용한다. [그림 7-3]과 같이 내부유동에서 사용되는 레이놀즈 수와 상이하다.

$$Re = \frac{\rho VL}{\mu} = \frac{VL}{\nu} \tag{7.2}$$

Reynolds Number Regimes and Characteristics for an Airfoil

Reynolds number regime	Reynolds number range	Characteristics
Creep	$0 < Re_L < 10^2$	Viscous effects dominate, Drag inversely proportional to Re_L
Low Re_L laminar	$10^2 < Re_L < 10^4$	Voltex shedding, Separation bubbles, Reduced lift, Drag proportional to Re_L
Laminar	$10^4 < Re_L < 10^5$	Separation bubbles, Decreased skin friction, Earlier separation and stall
Transitional	$10^5 < Re_L < 10^6$	Both laminar and turbulent boundary layers With characteristics of both
Turbulent	$Re_L > 10^6$	Inertia effects dominate, Increased skin friction, Delayed separation and stall

[그림 7.3] 외부유동일 때 유동에 따른 레이놀즈 수

[그림 7.4]과 같은 마노미터는 피토튜브를 이용하여 전압과 정압의 차의 압력을 통하여 동압을 구하고, 구해진 동압으로부터 속도를 측정하게 된다. 마노미터에서 측정된 속도는 동압에 의한 계산 값이다.

전압 = 정압 + 동압

전압 - 정압 = 동압 = $\frac{1}{2}\rho U^2$

3 실험 장치

[그림 7.4] 풍동실험장치

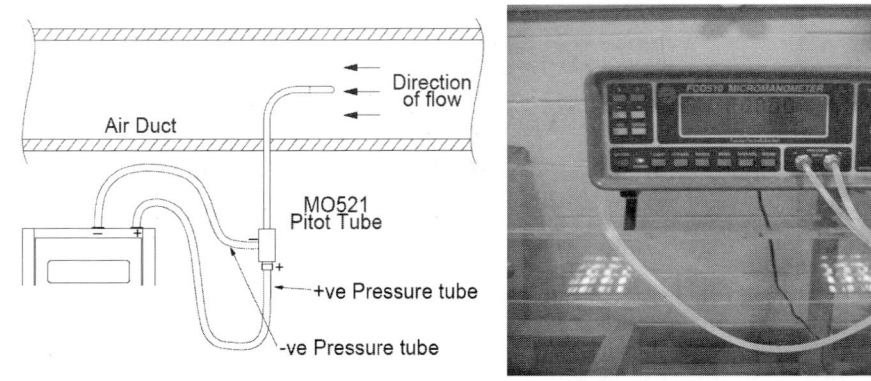

[그림 7.5] 디지털 마노메터

4 실험 방법

(1) 전원을 키고 rpm을 일정하게 한다.

    1) 키를 On으로 돌린다.

[그림 7.6] 풍동 작동 스위치

2) 토글스위치를 On으로 올린다.
3) On 버튼스위치를 누른다.

 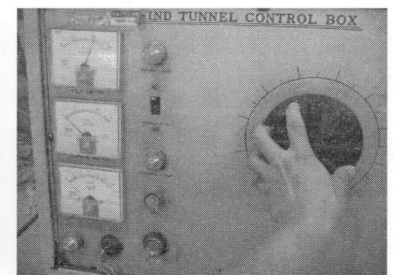

[그림 7.7] 풍동 작동 스위치

4) rpm 스위치를 오른쪽으로 돌린다.
  - 층류 유동장을 먼저 형성시킨 후 실험하고 난류 유동장을 형성시킨다.

(2) [그림 7.8]과 같이 피토튜브(Pitot Tube)와 마이크로 마노메터(Micro-Manometer)를 설치한다.
(3) 층류 유동장을 형성시켜주기 위하여 0도에서의 속도가 약 1.0m/s가 되는지 확인하고 rpm을 맞춘다. 난류유동장인경우에는 약 5m/s가 되도록 rpm을 설정한다.
(4) 원기둥의 표면에서 속도와 압력을 측정한다.

 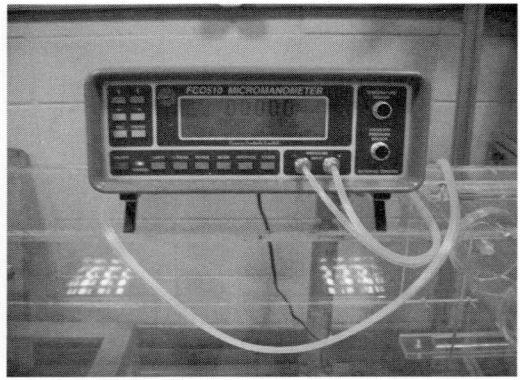

[그림 7.8] 마이크로 마노메터와 피토 튜브

(5) [그림 7.9]와 같이 0°에서 180°까지 10°간격으로 원기둥의 각도를 변화시키면서 압력과 속도를 측정한다. 단, 계측기의 특성상 차압이 음(-)의 값 일 때는 속도가 측정되지 않는다.

[그림 7.9] 각도변화

(6) 층류유동장의 실험이 완료되었다면 rpm을 변화시켜 풍량을 증가시켜 난류 유동장을 형성하고 (4), (5)을 반복한다.

(7) 원통의 투영길이 0.02m일 때 상온의 밀도와 점성계수를 이용하여 0°일 때만 Re 수를 구하여 층류인지 난류인지를 구분한다.

(8) 측정된 Δp을 이용하여 속도(U)를 구하여 측정 속도(U_{cal})와 비교하라. 단 차압이 음(-)일 경우에는 속도에 음(-)의 값을 곱해주어야 한다.

5 결과 및 검토

[표 7.1] 원통 둘레의 압력분포에 대한 실험결과 표(층류)

θ (degree)	속도 U	차압으로 구한 속도 U_{cal}	측정속도를 이용하여 구한 동압	Δp (동압)	C_p	$C_p \cos\theta$	Re
0							
10							
20							
30							
40							
50							
60							
70							
80							
90							
100							
110							
120							
130							
140							
150							
160							
170							
180							

[표 7.2] 원통 둘레의 압력분포에 대한 실험결과 표(난류)

θ (degree)	속도 U	차압으로 구한 속도 U_{cal}	측정속도를 이용하여 구한 동압	Δp (동압)	C_p	$C_p \cos\theta$	Re
0							
10							
20							
30							
40							
50							
60							
70							
80							
90							
100							
110							
120							
130							
140							
150							
160							
170							
180							

(1) 마노미터에서 구한 속도와 차압으로 구한 속도를 비교하고 그래프로 나타내고 두 값이 동일한지 검토하고 차이가 있으면 왜 오차가 발생하는지를 토론하라.
(2) 원통의 각도변화에 의한 압력측정으로부터 $\theta - \Delta p$관계 그래프를 나타내고 층류와 난류와의 차이를 토론하라.
(3) 원통의 각도변화에 의한 압력계수 측정실험으로부터 $\theta - C_p, \theta - C_p \cos\theta$와의 관계를 그래프로 나타내고, 이상유동의 식과 비교한다.
(4) 층류와 난류의 박리점이 어디서 발생하는지 검토하고 왜 골프공에 딤플(dimple)을 만드는지 검토하라.

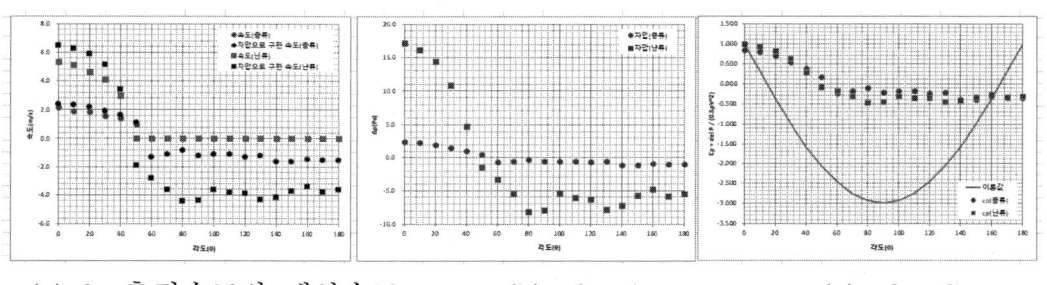

(a) θ - 측정속도와 계산속도　　(b) $\theta - \Delta p$　　(c) $\theta - C_p$

[그림 7.10] 보고서에 첨부할 그래프의 예제

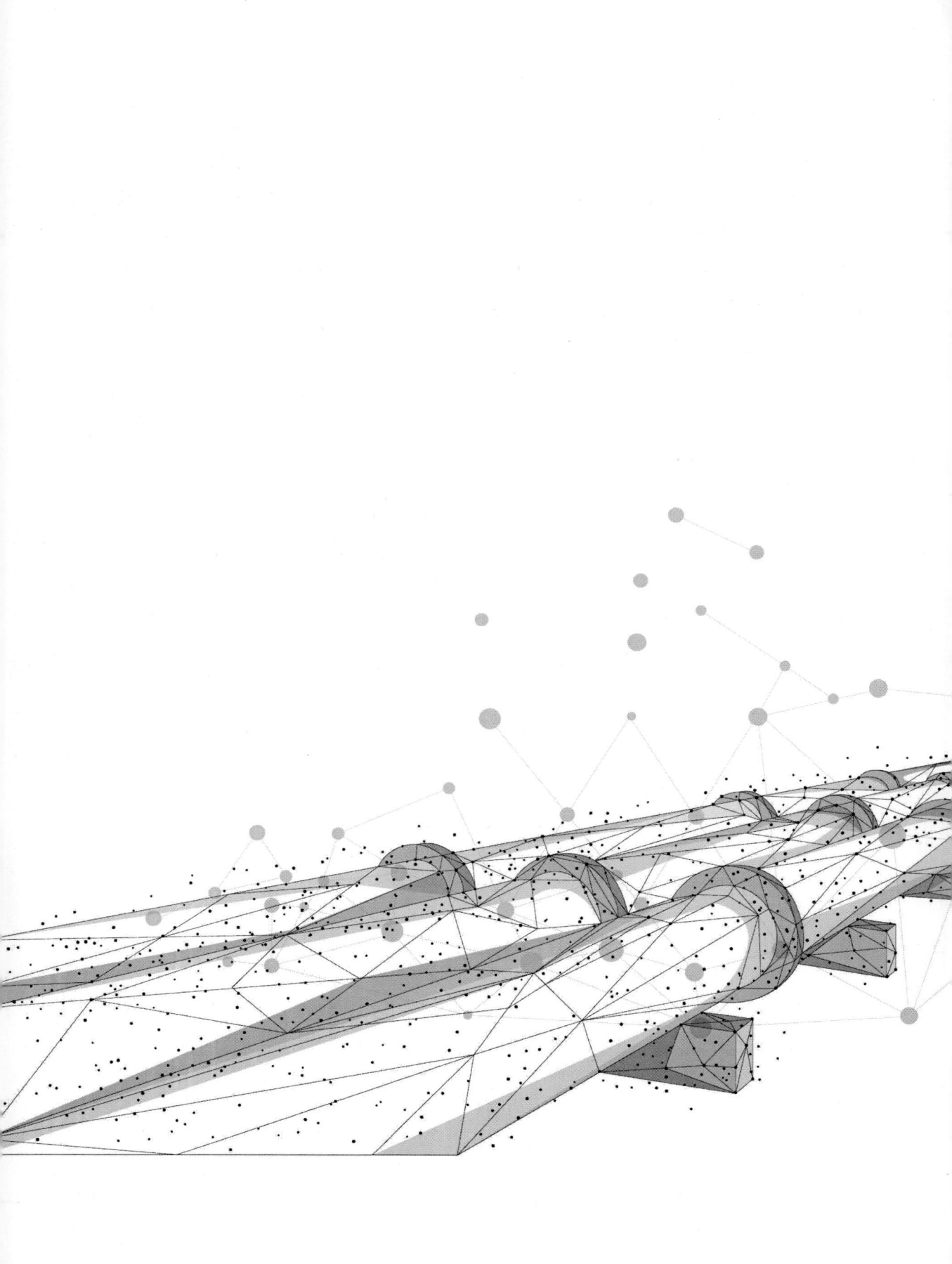

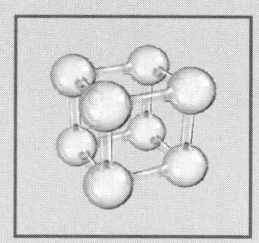

8. 펌프의 연합운전 실험

1 실험 목적

펌프를 직렬 또는 병렬 연결하였을 때 유량변화에 따른 양정을 구하여 성능곡선을 작성하고, 펌프의 연합운전에 대한 성능특성을 파악한다.[38]

2 관련 이론

(1) 직렬운전

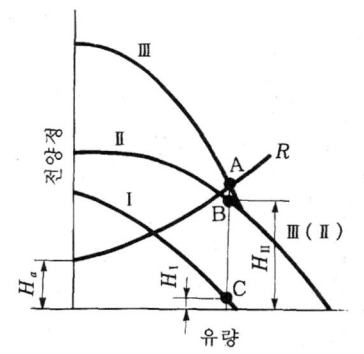
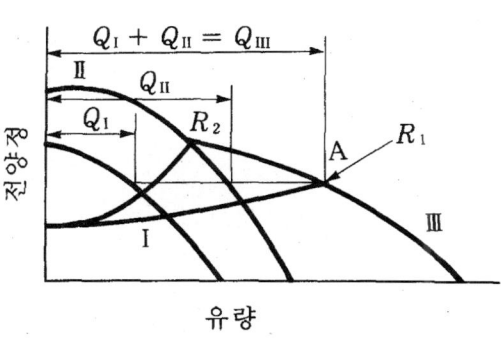

[그림 8.1] 특성이 다른 펌프의 직렬운전   [그림 8.2] 특성이 다른 펌프의 병렬운전

[그림 8.1]과 같이 Ⅰ인 펌프와 Ⅱ인 펌프를 직렬 운전할 때의 특성곡선은 Ⅲ과 같이 된다. Ⅲ은 Ⅰ,Ⅱ를 세로축 방향으로 합치면 된다. 저항 곡선이 R일 때의 운

---

38) 건전지의 직, 병렬연결을 생각하면 쉽다. 건전지는 직렬연결하면 전압이, 병렬연결하면 전류가 증가한다.

전점은 A이고, 각 펌프의 운전점은 B, C이다.

(2) 병렬운전

[그림 8.2]에서와 같이 특성이 다른 2대의 펌프 Ⅰ, Ⅱ를 병렬로 운전할 때의 특성곡선은 Ⅲ과 같이 된다. Ⅲ은 Ⅰ, Ⅱ를 가로축 방향으로 합침으로써 구해진다. 저항곡선이 R1일 때의 운전 점은 A로서 펌프 Ⅰ, Ⅱ의 유량은 QⅠ, QⅡ와 같이 된다. 저항이 R2보다 크게 되면 Ⅰ의 펌프는 펌핑되지 않고, 이 펌프가 체크밸브 또는 풋밸브를 가지고 있다면 차단운전상태가 된다. 이 밸브가 없으면 Ⅰ의 펌프는 역류상태가 된다.

3 실험장치

- 하이드로 벤치, 펌프2, 스톱워치, 압력계, 노트북 등

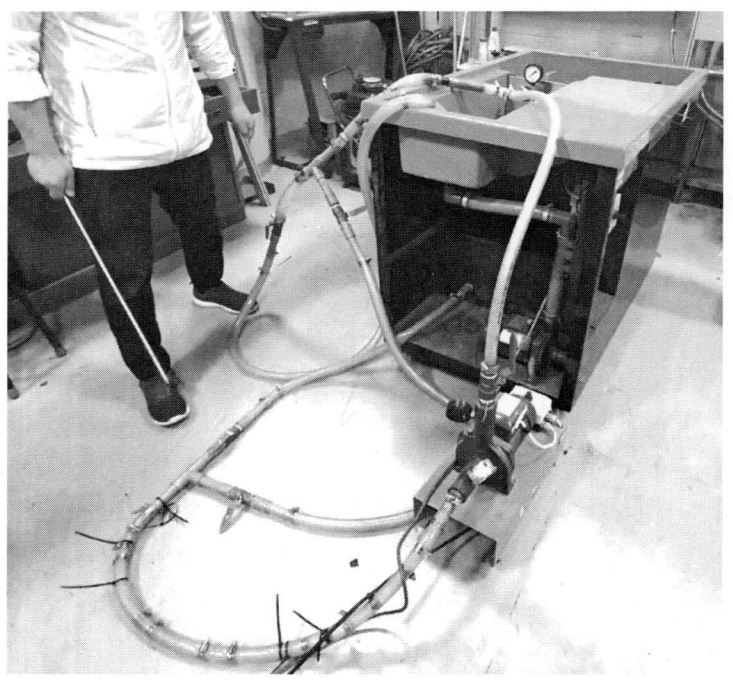

[그림 8.3] 펌프의 연합운전 실험장치

4 실험 방법

(1) 각각 펌프 1, 펌프2의 독립운전일 때의 성능 데이터를 먼저 취득한다.
- 펌프 밸브를 완전히 닫은 상태(체절운전)일 때 운전을 시작하고 밸브를 6번 정도 열면서 각각의 데이터를 취득한다. (<표 8.1>, <표 8.2> 참조)

(2) 먼저 펌프를 직렬 연합운전으로 설정하고 이때 배관의 연결 상태를 확인하고 이에 대한 Flow Loop를 확인한다.

(3) 두 펌프의 밸브를 모두 연 상태에서 흡입압력과 토출압력을 측정한다.

(4) 벤치를 이용하여 펌프에서 토출되는 물의 체적을 측정하고 시간을 측정하여 유량을 계산한다.

(5) 밸브를 조금씩 닫아가며 두 개 펌프의 흡입압력, 토출압력, 유량을 측정한다.

(6) 직렬운전 실험이 끝나면 그림과 같이 두 개 펌프를 병렬로 연결한다.
- (반드시 배관의 연결 상태를 확인하여서 변경해주어야 한다.)

(7) (3)~(5)의 과정을 반복하여 실험을 수행한다.

(8) 연결배관이 후렉시블 튜브(Flexible Tube)를 사용하기 때문에 중간 중간에 흡착(Collapse)되지 않게 실험 시 관찰하고, 이런 현상이 일어나는 경우는 흡입이 되지 않는 경우가 발생하므로 주의한다.

(9) 실험시 노트북을 가지고 와서 제공되는 엑셀 자료[39]를 이용하여 연합운전의 결과를 확인하고 [그림 8.4]에서 제시된 것과 같이 곡선이 그려지지 않으면 실험을 중단하고 원인을 찾아 해결한다.

---

39) 엑셀자료는 smart campus를 통하여 다운로드 받거나 조교에게 조장이 미리 실험 전에 받는다.

5 결과 및 검토

[표 8.1] 펌프 1 실험자료

	단위	1	2	3	4	5	6
토출압력	kgf/cm²						
흡입압력	cmHg						
체적	liter						
시간	s						
유량	m³/s						
(Q)	m³/h						
양정	m						

[표 8.2] 펌프 2 실험자료

	단위	1	2	3	4	5	6
토출압력	kgf/cm²						
흡입압력	cmHg						
체적	liter						
시간	s						
유량	m³/s						
(Q)	m³/h						
양정	m						

[표 8.3] 직렬 연합운전 실험자료

	단위	1	2	3	4	5	6
토출압력	kgf/cm²						
흡입압력	cmHg						
체적	liter						
시간	s						
유량	m³/s						
(Q)	m³/h						
양정	m						

[표 8.4] 병렬 연합운전 실험자료

	단위	1	2	3	4	5	6
토출압력	kgf/cm²						
흡입압력	cmHg						
체적	liter						
시간	s						
유량	m³/s						
(Q)	m³/h						
양정	m						

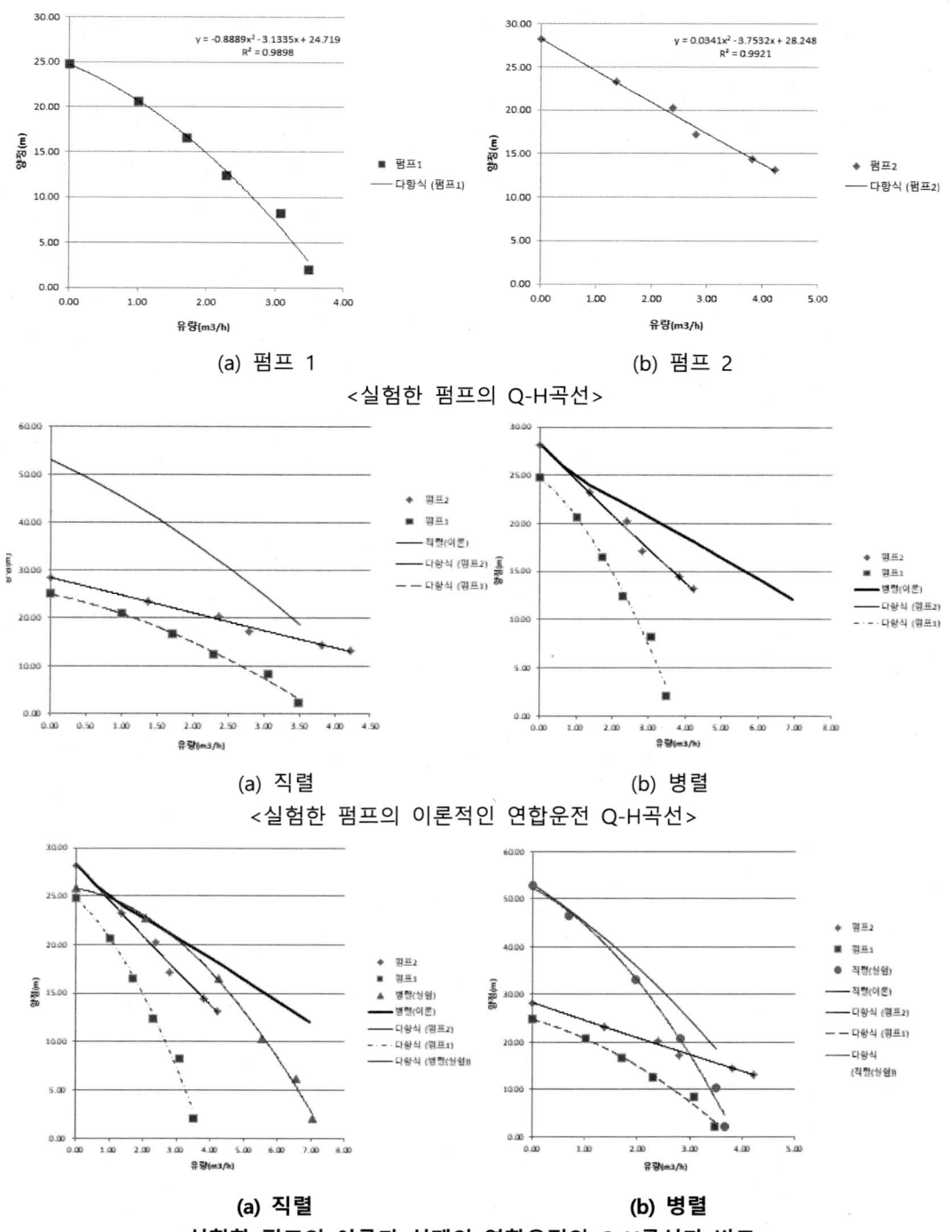

(a) 펌프 1　　　　　　　　(b) 펌프 2
<실험한 펌프의 Q-H곡선>

(a) 직렬　　　　　　　　(b) 병렬
<실험한 펌프의 이론적인 연합운전 Q-H곡선>

(a) 직렬　　　　　　　　(b) 병렬
<실험한 펌프의 이론과 실제의 연합운전의 Q-H곡선과 비교>

[그림 8.4] 보고서에 첨부할 그래프의 예제

8. 펌프의 연합운전 실험 207

(1) 펌프를 각각 단독으로 운전했을 경우와 직렬 또는 병렬로 연결하였을 경우의 성능곡선을 그리고 비교 분석한다.

(2) 각각의 펌프의 Q-H 곡선을 그리고 이에 대한 곡선접합 수식을 구하여 이론적인 연합운전 그래프를 구하라. 직렬은 양정이 증가하고 병렬은 유량이 증가한다는 것을 알고 이론적인 곡선을 구해야 한다.

(3) 현재 실험한 경우는 펌프 2대가 동일한 성능이 아니므로 동일한 성능의 펌프와 성능이 다른 펌프를 사용할 경우에 대한 차이를 토론하라.

(4) 펌프의 연합운전에 대한 물리적인 의미를 설명하라.

(5) 실험의 오차를 설명하라.

부록

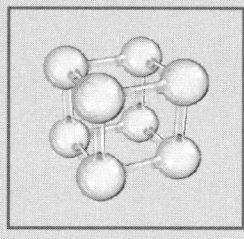

부록 A. 보고서 양식

 **보고서의 작성원칙**

1) 보고서 표지는 아래와 같이 작성한다.(단 규칙은 없지만, 아래의 정보가 들어가야 한다.)

실험명
예비/결과 보고서

학과 :

학년 :

학번 :

이름 :

분반 :

분조 :

제출날짜:

---

2) 예비보고서와 결과보고서를 2개 작성한다.

예비보고서는 결과보고서 1~3장의 내용까지 작성하여 실험 전에 조장이 수거해서 이를 조교에게 검토 받고 반환 받아, 조교의 지적사항을 수정 반영하고 실험결과를 첨가한 결과보고서를 함께 제출한다.

3) 예비보고서에서는 실험 전에 목적 및 관련이론, 실험방법 등을 숙지하는데 목적이 있다.

2 보고서의 내용

1. 실험 목적(글자 포인트 13)[40]

   실험 목적을 간략하게 기술.(글자 포인트 10, 들여쓰기 한다)

2. **실험 관련 이론(글자 포인트 13)**

   실험과 관련된 유체역학적 이론을 실험교안 및 참고도서나 인터넷자료 등을 이용하여 정리하여 기술한다. 실험과 상관없는 이론을 적은 경우와 잘못된 것을 적은 경우는 조교가 지적을 할 것이며, 실험교재에 있는 내용만 적으면 안 된다. (글자 포인트 10, 들여 쓰기 한다.)

3. **실험장치 및 방법(글자 포인트 13)**

   3.1 실험 장치(글자 포인트 10, 굵게 하기)

   실험교재를 이용하여 실험장치에 대한 개략도를 작성하고, 구성품에 대해 설명.

   (글자 포인트 10, 들여쓰기 한다)

   3.2 실험 방법(글자 포인트 10, 굵게 하기)

   - 실험하는 방법에 대해 구체적으로 기술.
   - 여기 까지가 예비리포트 내용임

---

[40] 보고서의 폰트와 크기는 반드시 지킬 필요가 없다.

- 결과리포트에는 실험할 때 실험장치과 실험방법을 촬영한 것 등을 이용하여 반드시 사진으로 삽입하는 것이 점수를 높게 받을 수 있음.

4. 실험 결과 및 토의(글자 포인트 13)

- 실험으로 얻은 결과를 그림이나 엑셀 등을 이용하여 자료화하고 글로 서술. 이미 배운 이론이나 실험과의 비교 및 차이에 대한 기술. 실험결과의 활용에 대해 기술. (글자 포인트 10, 들여 쓰기 한다)
- 엑셀로 된 표본실험시트를 제공해주므로 그것을 이용하여 데이터 작성할 것

Table 1 표의 제목은 반드시 위에 가운데 정렬로 표기(글자 포인트 9, 가운데 정렬)

(그림 또는 그래프)

Fig. 1 그림의 제목은 반드시 가운데 정렬로 그림 아래쪽에 표시(글자 포인트 9, 가운데 정렬)

5. 결론

- 실험 목적, 실험 장치 및 방법, 실험결과에 대한 전반적인 요약한다.

6. 참고문헌(글자 포인트 13)

보고서를 작성하기 위해 사용한 참고자료 및 인터넷 사이트에 대한 구체적 정보(저자, 제목, 출판사, 출판년도, 참고페이지)를 순서를 정하여 작성.
(글자 포인트 10, 들여 쓰기 한다)

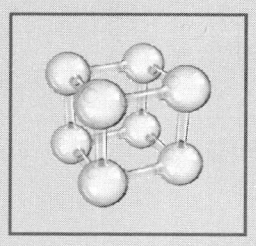

부록 B 유체성질에 대한 자료

B.1 비중

많이 사용되는 액체와 고체에 대한 비중자료가 그림 A.1(a)와 A.1(b) 그리고 표 A.1과 A.2에 수록되어 있다. 액체의 비중은 온도의 함수이다(물과 공기에 대한 밀도자료는 표 A.7에서 A.10까지에 온도의 함수로 주어져 있다). 대부분의 액체에서 비중은 온도가 증가함에 따라 감소한다.

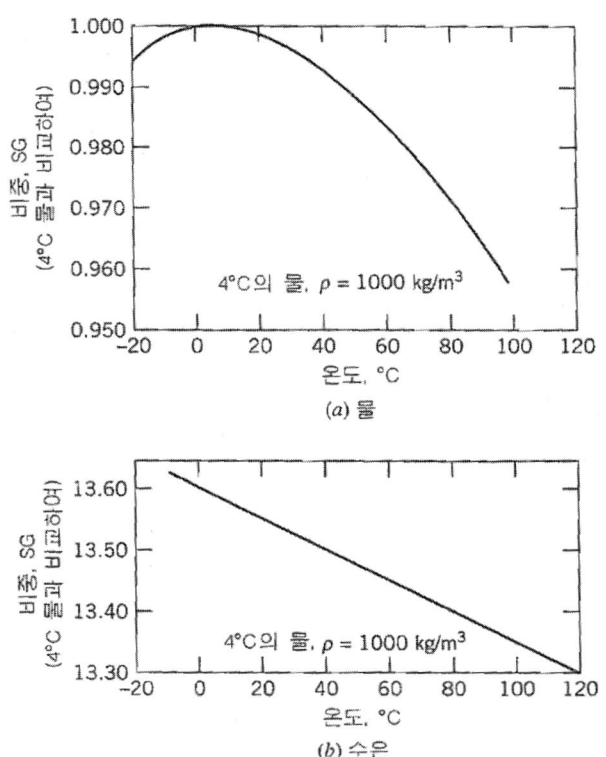

그림 B.1 온도의 함수인 물과 수은의 비중[1](수은의 비중은 온도에 따라 선형적으로

변한다. 변화 식은 SG=13.60-0.00240T이고 T는 섭씨온도이다.)

물은 독특하다: 물은 4℃(39℉)에서 1000kg/m³(1.94 slug/ft³)의 최대 밀도를 나타낸다. 물의 최대 밀도는 비중을 계산하는 기준치로 사용된다. 따라서

$$SG \equiv \frac{\rho}{\rho H_2O\,(at\,4℃)}$$

결과적으로 물의 최대 비중은 정확하게 1이다.

고체의 비중은 비교적 온도에 민감하지 않다; 표 B.1에 주어진 값들은 20℃에서 측정된 것이다. 해수의 비중은 온도와 염도에 따라 다르다. 바닷물에 대한 대표적인 값은 표 B.2에 주어진 것과 같이 SG=1.025이다.

표 B.1 선택된 공업용 재료의 비중

(a) 20℃에서 상용 마노미터 액체(참고문헌 [1,2,3]의 자료)

액체	비중
E.V.Hill 청색유	0.797
Meriam 적색유	0.827
벤젠	0.879
프탈산 디부틸	1.04
단일클로로나프탈렌	1.20
사염화탄소	1.595
브로모에틸벤젠	1.75
테트라브롬화에타	2.95
수은	13.55

(b) 상용 재료(참고문헌 [4]의 자료)

물질	비중(-)
알루미늄	2.64
발사 재목	0.14
황동	8.55
주철	7.08
콘크리트(경화상태)	2.4*
콘크리트(액체상태)	2.5*
구리	8.91
얼음(0°C)	0.917
납	11.4
참나무	0.77
철	7.83
스티로폼(1 pcf**)	0.0160
스티로폼(3 pcf)	0.0481
우라늄	18.7
백송	0.43

*혼합정도에 따라 **lb/ft^2

표 B.2 20°C에서 상용 액체의 물리적 성질(참고문헌 [1,5,6]의 자료)

액체	등엔트로피 체적탄성계수[a] (GN/m^2)	비중 (-)
벤젠	1.48	0.879
사염화탄소	1.36	1.595
피마자유	2.11	0.969
원유	-	0.82-0.92
에틸알콜	-	0.789
휘발유	-	0.72
글리세린	4.59	1.26
헵탄	0.886	0.684
석유	1.43	0.82
윤활유	1.44	0.88
메타놀	-	0.796
수은	28.5	13.55
옥탄	0.963	0.702
해수[b]	2.42	1.025
SAE 10W오일	-	0.92
물	2.24	0.998

[a]음속으로부터 계산: $GN/m^2 = 10^9 N/m^2 (1\,N/m^2 = 1.45 \times 10^{-4} lbf/in.^2)$

[b]20°C해수의 절대점성계수: $\mu = 1.08 \times 10^{-3} N \cdot s/m^2$. (해수의 동점성계수는 청수의 동점성계수보다 약 5% 정도 큼)

표 B.3 미국 표준대기의 성질(참고문헌 [7]의 자료)

고도 (m)	온도 (K)	p/p_{SL} (-)	ρ/ρ_{SL} (-)
-500	291.4	1.061	1.049
0	288.2	1000[a]	1.000[b]
500	284.9	0.9421	0.9529
1000	281.7	0.8870	0.9075
1500	278.4	0.8345	0.8638
2000	275.2	0.7846	0.8217
2500	271.9	0.7372	0.7812
3000	268.7	0.6920	0.7423
3500	265.4	0.6492	0.7048
4000	262.2	0.6085	0.6689
4500	258.9	0.5700	0.6343
5000	255.7	0.5334	0.6012
6000	249.2	0.4660	0.5389
7000	242.7	0.4057	0.4817
8000	236.2	0.3519	0.4292
9000	229.7	0.3040	0.3813
10000	223.3	0.2615	0.3376
11000	216.8	0.2240	0.2978
12000	216.7	0.1915	0.2546
13000	216.7	0.1636	0.2176
14000	216.7	0.1399	0.1860
15000	216.7	0.1195	0.1590
16000	216.7	0.1022	0.1359
17000	216.7	0.08734	0.1162
18000	216.7	0.07466	0.09930
19000	216.7	0.06383	0.08489
20000	216.7	0.05457	0.07258
22000	218.6	0.03995	0.05266
24000	220.6	0.02933	0.03832
26000	222.5	0.02160	0.02791
28000	224.5	0.01595	0.02047
30000	226.5	0.01181	0.01503
40000	250.4	0.002834	0.003262
50000	270.7	0.0007874	0.0008383
60000	255.8	0.0002217	0.0002497
70000	219.7	0.00005448	0.00007146
80000	180.7	0.00001023	0.00001632
90000	180.7	0.000001622	0.000002588

[a] $p_{SL} = 1.01325 \times 10^5 N/m^2 (abs) (= 14.696 \, \psi a)$. [b] $\rho_{SL} = 1.2250 \, kg/m^3 (= 0.002377 \, slug/ft^3)$.

B.2 표면장력

대부분의 유기화합물(organic compound)에 대한 표면장력 σ는 실내 온도에서 대개 비슷한 값을 갖는다. 대표적인 범위는 25~40 mN/m이다. 20℃ 물의 표면장력은 73

표 B.4 20℃에서 보통 액체의 표면장력(참고문헌 [1, 5, 8, 9]의 자료)

액체	표면장력, σ (mN/m)[a]	접촉각, θ (각도)
(a) 공기와 접촉		
벤젠	28.9	
사염화탄소	27.0	
에틸알콜	22.3	
글리세린	63.0	
헥산	18.4	
석유	26.8	
윤활유	25-35	
수은	484	140
메타놀	22.6	
옥탄	21.8	
물	72.8	~0
(b) 물과 접촉		
벤젠	35.0	
사염화탄소	45.0	
헥산	51.1	
수은	375	140
메타놀	22.7	
옥탄	50.8	

[a] 1 mN/m = 10^{-3} N/m

mN/m이므로 이 범위보다 더 큰 값이다. 액체 금속(liquid metal)은 300에서 600mN/m 범위의 값을 갖는다. 예를 들면, 수은인 경우 20℃에서 약 480mN/m이다. 표면장력은 절대온도가 증가하면 선형적으로 감소하며, 임계온도에서는 표면장력은 0이다.

σ의 값은 보통 고려대상이 되는 액체의 순수 증기나 공기와 접촉하는 면에 대하여 보고되어 있다. 낮은 압력에서는 두 경우의 값이 거의 동일하다.

B.3 점도의 물리적 본질

점도는 내부 유체마찰의 척도, 즉 변형에 대한 저항의 척도이다. 기체 점도의 기구(Mechanism)는 잘 알려져 있지만, 액체에 대한 이론적인 발전은 아직 미약하다. 점도에 대한 기구를 간략하게 논의함으로써 점성유동의 물리적 본질을 통찰할 수 있다.

뉴턴유체의 점도는 물질의 상태에 따라 고정된 값을 갖는다. 그래서 $\mu = \mu(T,p)$로 나타낼 수 있다. 온도는 압력에 비하여 더욱 중요한 변수이므로, 온도와의 관계부터 고려해 보도록 하자. 온도의 함수로 표현된 점도에 대한 훌륭한 경험식들이 많이 발표되어 있다.

B-3.1 점도에 대한 온도의 영향

a. 기 체

모든 기체 분자들은 연속적인 불규칙 운동(Random Motion)을 하고 있다. 기체의 유동으로 인한 전체적인 운동(Bulk Motion)이 있을 때는, 이 전체적인 운동이 분자의 불규칙 운동에 중첩된다. 그리고 이 운동은 분자들의 충돌에 의하여 유체 전체로 분포된다.

기체의 운동이론(Kinetic Theory)의 해석으로부터

$$\mu \propto \sqrt{T}$$

인식을 찾을 수 있다. 운동이론의 예측은 실험적 경향과 잘 일치하지만, 비례상수와 1개 또는 그 이상의 보정인자(Correction Factor)들은 결정되어야 한다. 따라서 이와 같

은 간단한 식은 실제적인 응용면에서는 제한을 받는다.

만일 2개 또는 그 이상의 실험값들이 이용 가능하다면, 그 자료는 경험적인 Sutherland 상관관계식을 사용하여 상관관계식으로 나타낼 수 있다.

$$\mu = \frac{bT^{1/2}}{1+S/T} \tag{B.1}$$

상수 b와 S는 다음과 같이 표현함으로써 매우 간단히 결정된다.

$$\mu = \frac{bT^{3/2}}{S+T}$$

혹은

$$\frac{T^{3/2}}{\mu} = \left(\frac{1}{b}\right)T + \frac{S}{b}$$

(이 식을 y=mx+c 식과 비교해 보라.) $T^{3/2}/\mu$대 T의 관계를 그림으로 그려서 기울기 $1/b$과 교점(Intercept) S/b를 얻는다. 공기에 대한 상수값들은 다음과 같다.

$$b = 1.458 \times 10^{-6} \frac{kg}{m \cdot s \cdot K^{1/2}}$$

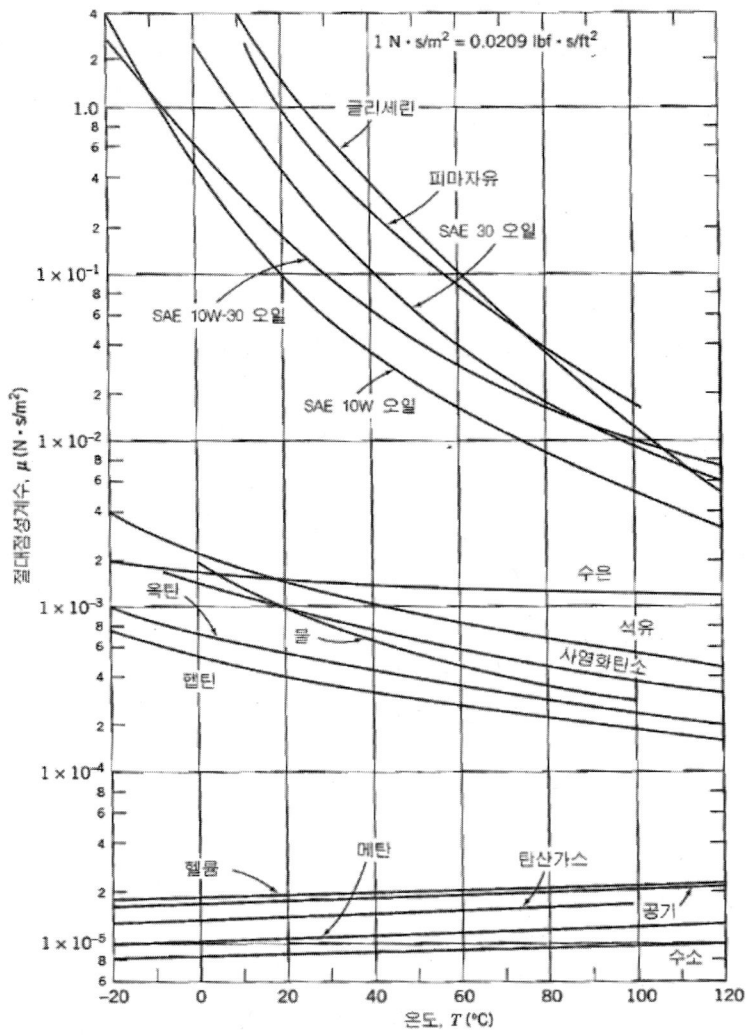

그림 B.2 상용되는 유체들의 동역학적 점성계수(절대점도)와 온도의 함수관계 (참고문헌 [1,6,10]의 자료)

$S = 110.4 K$

이 상수들은 참고문헌 [7]에서 표준대기에 대한 점도를 계산할 때 식(B.1)과 함께 사용되었고, 공기의 점성계수는 온도의 함수로 하여 표 B.10에 SI단위로 제시되어 있고 B.9에 영국단위로 제시되어 있다.

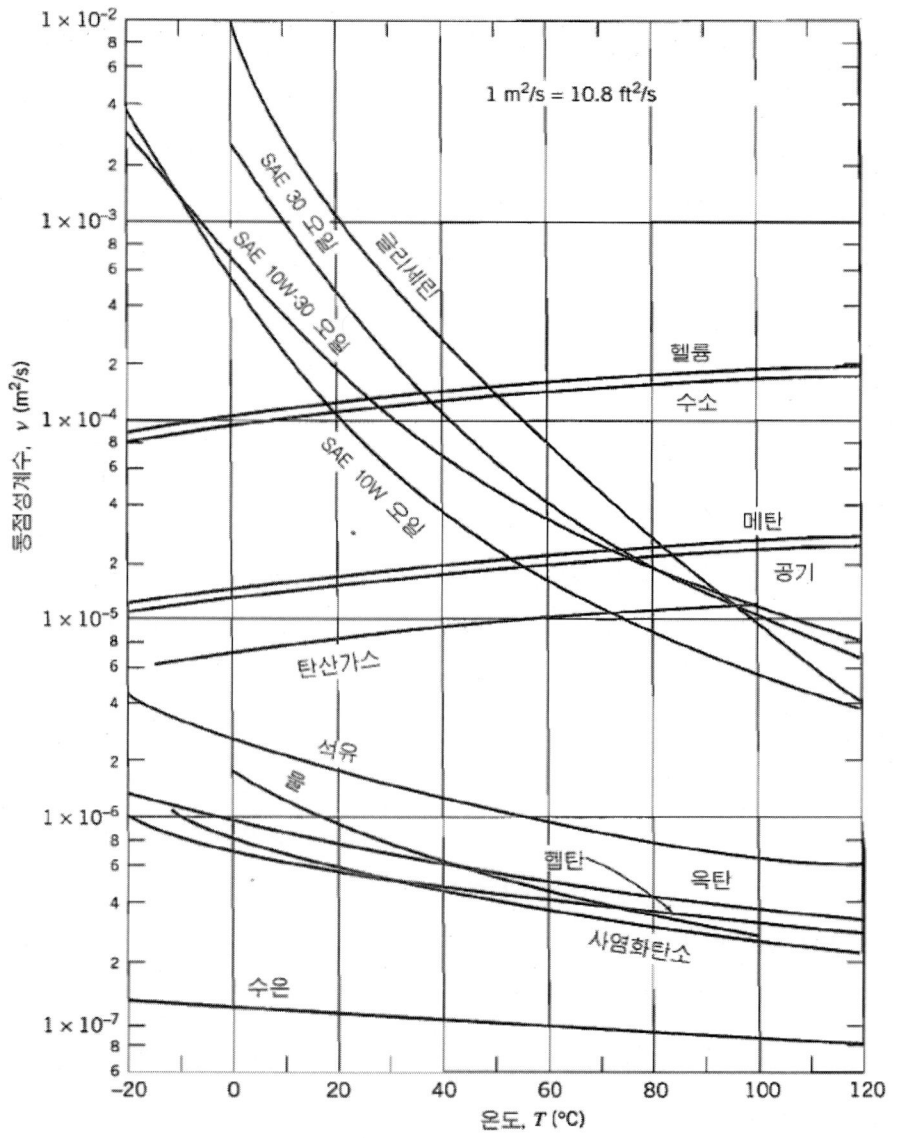

그림 B.3 상용되는 유체들의 동점성계수와 온도의 함수관계(대기압에서)
(참고문헌 [1.6.10]의 자료)

b. 액 체

액체에 대한 점도는 아직 이론적으로 잘 추정할 수 없다. 액체에서는 분자들의 충돌에 의한 운동량 전달현상이 조밀하게 채워진 액체 분자 간에 상호 작용하는 힘(Force Field)의 영향 때문에 그 정도가 미약하다. 액체의 점도는 온도에 매우 큰 영향을 받는다. 절대온도와의 관계는 다음과 같이 경험식으로 표현될 수 있다.

$$\mu = Ae^{B/(T-C)} \tag{B.2}$$

또는 동등한 식

$$\mu = A10^{B/(T-C)} \tag{B.3}$$

여기서 T는 절대온도이다.

식 (B.3)은 상수 A, B 그리고 C를 결정하기 위해서 적어도 세 점을 필요로 한다. 이론상으로 볼 때 꼭 세 개의 온도에서 점성을 측정하므로써 상수들을 결정할 수 있다. 실제에 있어서는 보다 많은 자료를 사용하고 주어진 자료에 대한 통계처리를 거쳐 상수를 결정한다.

그러나, 곡선접합(Curve-Fit) 식이 개발되어 있으므로 항상 이용 가능한 자료와 곡선접합으로 얻은 직선 또는 곡선과 비교한다. 최선의 방법은 곡선접합 그림과 자료를 면밀하게 검토하는 것이다. 일반적으로, 곡선접합 결과는 이용 가능한 자료의 정확성과 경험관계식의 정확성이 아주 우수할 때에 한하여 만족스럽게 될 것이다.

물의 동역학적 점도에 대한 자료는 상수 $A = 2.414 \times 10^{-5} N \cdot s/m^2, B = 247.8K$, 그리고 C=140K를 사용할 때 잘 맞는다. 참고문헌 [10]에 의하면 식 (B.3)에 이 상수값들을 이용하면 온도범위 0℃에서 370℃까지 물의 점도를 ±2.5% 이내로 예측할 수 있다. 표 B.8에 제시된 여러 온도에서 물의 점도 값을 계산하는 데 식 (B.3)이 사용되었고 적합한 환산인자를 사용함으로써 표 B.7을 작성하였다.

액체의 점도는 온도의 증가에 따라 감소함을 유의하라. 한편, 기체의 점도는 온도의 증가에 따라 감소한다.

B-3.2 점도에 대한 압력의 영향

a. 기 체

기체의 점도는 대기압의 수백분의 1과 대기압의 몇 배 사이에서는 근본적으로 압력에 무관하지만, 높은 압력에서는 압력(혹은 밀도)에 따라 증가한다.

b. 액 체

대부분의 액체의 점도는 상당히 높은 압력까지는 압력의 영향을 받지 않지만, 대단히 높은 압력에서는 크게 증가한다. 예를 들면, 10,000 atm에서 물의 점도는 1 atm 일 때의 값의 두 배이다. 아주 복잡한 화합물은 동일한 압력범위에서 그 점도의 크기의 위수는 수 배 만큼 증가하는 경향을 보이고 있다.

더 상세한 정보는 참고문헌 [11]에서 찾을 수 있다.

B.4 윤활유

엔진과 동력전달장치의 윤활유는 미국 자동차기술자학회(Society of Automotive Engineers: SAE)[12]에서 설정한 기준에 따라 분류된다. 여러 가지 등급에 대한 점도의 허용범위는 표B.5에 주어져 있다.

W가 붙은 점도수(Viscosity Numbrer)(예, 20W)는 0°F 에서의 점도이고, W가 붙지 않은 경우는 210°F에서의 점도로 분류된다.

온도에 따른 점도의 변화를 최소화시키기 위하여 다등급유(Multigrade Oil)들이 제조되고 있다(예, 10W-40). 다등급유를 혼합하는 과정에 "점도지수(Viscosity Index)" 개선제로 고분자 폴리머(High Polymer)가 사용된다. 이러한 첨가물들은 비뉴턴유체의 특성이 강해진다. 한편, 첨가물들은 전단응력의 작용으로 인하여 영구적인 점도손실을 일으킬 수도 있다. 석유제품들의 점도를 온도의 함수로 얻기 위하여 특별한 선도들이 사용된다. 그림 B.2와 B.3을 이용하면 대표적인 윤활유에 대한 점도자료를 찾을 수 있다. 상세한 것은 참고문헌 [15]를 참조하기 바란다.

표 B.5 윤활유에 대한 허용점도 범위(참고문헌 [12-14]의 자료)

엔진오일	SAE 점도 등급	온도별(°C) 최대 점도 (cP)[a]	100°C의 점도 (cP)[b] 최소	최대
	0W	3250 at -30	3.8	-
	5W	3500 at -25	3.8	-
	10W	3500 at -20	4.1	-
	15W	3500 at -15	5.6	-
	20W	4500 at -10	5.6	-
	25W	6000 at -5	9.3	-
	20	-	5.6	<9.3
	30	-	9.3	<12.5
	40	-	12.5	<16.3
	50	-	16.3	<21.9
축 및 수동 변속기 윤활유	SAE 점도 등급	150,000 cP의 점도에 대한 최대 온도(°C)	100°C의 점도 (cSt) 최소	최대
	70W	-55	4.1	-
	75W	-40	4.1	-
	80W	-26	7.0	-
	85W	-12	11.0	-
	90	-	13.5	<24.0
	150	-	24.0	<41.0
	250	-	41.0	-
자동 변속기 (대표적 유체)	최대 점도 (CP)	온도(°C)	100°C의 점도 (cSt) 최소	최대
	50000	-40	6.5	8.5
	4000	-23.3	6.5	8.5
	1700	-18	6.5	8.5

[a] 1 centipoise = 1 cP = 1 mPa·s = 10^{-3} Pa·s (= 2.09×10^{-5} lbf·s/ft^2)

[b] 1 centistoke = 10^{-6} m^2/s (= 1.08×10^{-5} ft^2/s).

표 B.6 표준온도 및 압력(STD)에서 상용되는 기체들의 열역학적 성질
(참고문헌 [7,16,17]의 자료)

기체	화학기호	분자질량, M_m	R^b $\left(\dfrac{J}{kg \cdot K}\right)$	c_p $\left(\dfrac{J}{kg \cdot K}\right)$	c_v $\left(\dfrac{J}{kg \cdot K}\right)$	$k=\dfrac{c_p}{c_v}$ (-)	R^b $\left(\dfrac{ft \cdot lbf}{lbf \cdot °R}\right)$	c_p $\left(\dfrac{Btu}{lbf \cdot °R}\right)$	c_v $\left(\dfrac{Btu}{lbf \cdot °R}\right)$
공기	-	28.98	286.9	1004	717.4	1.40	53.33	0.2399	0.1713
탄산가스	CO_2	44.01	188.9	840.4	651.4	1.29	35.11	0.2007	0.1556
일산화탄소	CO	28.01	296.8	1039	742.1	1.40	55.17	0.2481	0.1772
헬륨	He	4.003	2077	5225	3147	1.66	386.1	1.248	0.7517
수소	H_2	2.016	4124	14,180	10,060	1.41	766.5	3.388	2.402
메탄	CH_4	16.04	518.3	2190	1672	1.31	96.32	0.5231	0.3993
질소	N_2	28.01	296.8	1039	742.0	1.40	55.16	0.2481	0.1772
산소	O_2	32.00	259.8	909.4	649.6	1.40	48.29	0.2172	0.1551
증기[c]	H_2O	18.02	461.4	~2000	~1540	~1.30	85.78	~0.478	~0.368

[a] STP=표준온도 및 압력, $T=15°C=59°F$, $p=101.325 kPa(abs)=14.696 psia$.
[b] $R \equiv R_u/M_m$; $R_u=8314.3 J/(kgmol \cdot K)=1545.3 ft \cdot lbf/(lbmol \cdot °R)$; 1 Btu=778.2 ft · lbf.
[c] 수증기는 55°C(100°F) 이상으로 가열되면 이상기체의 거동을 한다.

표 B.7 물의 성질(미국 상용단위)

온도 $T(°F)$	밀도 $\rho(kg/m^3)$	절대점성계수 $\mu(N.s/m^2)$	동점성계수 $\nu(m^2/s)$	표면장력 $\sigma(N/m)$	증기압력 $P_v(kPa)$	체적탄성계수 $E_v(psi)$
32	1.94	3.66E-05	1.89E-05	0.00519	0.0886	2.92E+05
40	1.94	3.19E-05	1.65E-05	0.00514	0.122	
50	1.94	2.72E-05	1.40E-05	0.00509	0.178	
59	1.94	2.37E-05	1.23E-05	0.00504	0.247	
60	1.94	2.34E-05	1.21E-05	0.00503	0.256	
68	1.94	2.09E-05	1.08E-05	0.00499	0.339	
70	1.93	2.04E-05	1.05E-05	0.00498	0.363	3.20E+05
80	1.93	1.79E-05	9.27E-06	0.00492	0.507	
90	1.93	1.59E-05	8.24E-06	0.00486	0.699	
100	1.93	1.42E-05	7.38E-06	0.00480	0.950	
110	1.92	1.28E-05	6.66E-06	0.00474	1.28	
120	1.92	1.16E-05	6.05E-06	0.00467	1.70	3.32E+05
130	1.91	1.06E-06	5.53E-06	0.00461	2.23	
140	1.91	9.68E-06	5.08E-06	0.00454	2.89	
150	1.90	8.91E-06	4.69E-06	0.00448	3.72	
160	1.89	8.24E-06	4.35E-06	0.00441	4.75	
170	1.89	7.65E-06	4.05E-06	0.00434	6.00	
180	1.88	7.14E-06	3.79E-06	0.00427	7.52	
190	1.87	6.68E-06	3.56E-06	0.00420	9.34	
200	1.87	6.27E-06	3.36E-06	0.00413	11.5	3.08E+05
212	1.86	5.83E-06	3.14E-06	0.00404	14.7	

표 B.8 물의 성질(SI 단위)

온도 $T(°C)$	밀도 $\rho(kg/m^3)$	절대점성 계수 $\mu(N.s/m^2)$	동점성 계수 $\nu(m^2/s)$	표면 장력 $\sigma(N/m)$	증기 압력 $P_v(kPa)$	체적탄성 계수 $E_v(psi)$
0	1000	1.75E-03	1.75E-06	0.0757	0.661	2.01
5	1000	1.50E-03	1.50E-06	0.0749	0.872	
10	1000	1.30E-03	1.30E-06	0.0742	1.23	
15	999	1.14E-03	1.14E-06	0.0735	1.71	
20	998	1.00E-03	1.00E-06	0.0727	2.34	2.21
25	997	8.90E-04	8.93E-07	0.0720	3.17	
30	996	7.97E-04	8.01E-07	0.0712	4.25	
35	994	7.18E-04	7.23E-07	0.0704	5.63	
40	992	6.51E-04	6.57E-07	0.0696	7.38	
45	990	5.94E-04	6.00E-07	0.0688	9.59	
50	988	5.44E-04	5.51E-07	0.0679	12.4	2.29
55	986	5.01E-04	5.08E-07	0.0671	15.8	
60	983	4.63E-04	4.71E-07	0.0662	19.9	
65	980	4.30E-04	4.38E-07	0.0654	25.0	
70	978	4.00E-04	4.10E-07	0.0645	31.2	
75	975	3.74E-04	3.84E-07	0.0636	38.6	
80	972	3.51E-04	3.61E-07	0.0627	47.4	
85	969	3.30E-04	3.41E-07	0.0618	57.8	
90	965	3.11E-04	3.23E-07	0.0608	70.1	2.12
95	962	2.94E-04	3.06E-07	0.0599	84.6	
100	958	2.79E-04	2.91E-07	0.0589	101	

표 B.9 대기압하에서 공기의 성질(미국 상용단위)

온도 $T(℃)$	밀도 $\rho(kg/m^3)$	절대점성 계수 $\mu(N.s/m^2)$	동점성 계수 $\nu(ft^2/s)$
40	0.00247	3.63E-07	1.47E-04
50	0.00242	3.69E-07	1.52E-04
59	0.00238	3.74E-07	1.57E-04
60	0.00237	3.75E-07	1.58E-04
68	0.00234	3.79E-07	1.62E-04
70	0.00233	3.80E-07	1.63E-04
80	0.00229	3.86E-07	1.69E-04
90	0.00225	3.91E-07	1.74E-04
100	0.00221	3.97E-07	1.80E-04
110	0.00217	4.02E-07	1.86E-04
120	0.00213	4.07E-07	1.91E-04
130	0.00209	4.13E-07	1.97E-04
140	0.00206	4.18E-07	2.03E-04
150	0.00202	4.23E-07	2.09E-04
160	0.00199	4.28E-07	2.15E-04
170	0.00196	4.33E-07	2.21E-04
180	0.00193	4.38E-07	2.27E-04
190	0.00190	4.43E-07	2.33E-04
200	0.00187	4.48E-07	2.40E-04

표 B.10 대기압하에서 공기의 성질(SI 단위)

온도 $T(°C)$	밀도 $\rho(kg/m^3)$	절대점성계수 $\mu(N.s/m^2)$	동점성계수 $\nu(ft^2/s)$
0	1.29	1.72E-05	1.33E-05
5	1.27	1.74E-05	1.37E-05
10	1.25	1.77E-05	1.41E-05
15	1.23	1.79E-05	1.46E-05
20	1.21	1.81E-05	1.50E-05
25	1.19	1.84E-05	1.55E-05
30	1.17	1.86E-05	1.60E-05
35	1.15	1.88E-05	1.64E-05
40	1.13	1.91E-05	1.69E-05
45	1.11	1.93E-05	1.74E-05
50	1.09	1.95E-05	1.79E-05
55	1.08	1.98E-05	1.84E-05
60	1.06	2.00E-05	1.88E-05
65	1.04	2.02E-05	1.93E-05
70	1.03	2.04E-05	1.98E-05
75	1.01	2.07E-05	2.04E-05
80	1.00	2.09E-05	2.09E-05
85	0.987	2.11E-05	2.14E-05
90	0.973	2.13E-05	2.19E-05
95	0.960	2.15E-05	2.24E-05
100	0.947	2.17E-05	2.30E-05

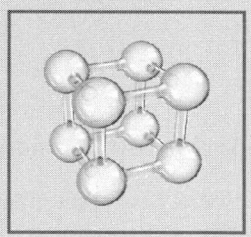 참고문헌

1. Handbook of Chemistry and Physics, 62nd ed. Cleveland, OH: Chemical Rubber Publishing Co,m 1982-1982.

2. "Meriam Standard indication Fluids," Pamphlet No. 920 GEN: 430-1, The Meriam Instrument Co., 10920 Madison Avenue, Cleveland, OH 44102.

3. E. Vernon Hill, Inc., P.O. Box7053, Corte Madera, CA 94925.

4. Avallone, E. A., and T. Baumeister, Ⅲ, eds., Marks' Standard Handbook for Mechanical Engineers, 9th ed. New York: McGraw-Hill, 1987.

5. Handbook of Tables for Applied Engineering Science. Cleveland, OH: Chemical Rubber Publishing Co., 1970.

6. Vargaftik, N. B., Tables on the Thermophysical Properties of Liquids and Gases, 2nd ed. Washington, D.C.: Hemisphere Publishing Corp., 1975.

7. The U.S. Standard Atmosphere (1976). Washington, D.C.:U.S. Government Printing Office, 1976.

8. Trefethen, L., "Surface Tension in Fluid Mechanics," in Illustrated Experiments in Fluid Mechanics. Cambride, MA: The M.I.T. Press, 1972.

9. Strecter, V.L., ed., Handbook of Fluid Dynamics. New York: McGraw-Hill, 1961

10. Touloukian, Y.S., S. C. Saxena, and P.Hestermans, Thermophysical Properties of Matter, the TPRC Data Series, Vol. 11-Viscosity. New York: Plenum Publishing Corp., 1975.

11. Reid, R. C., and T. K. Sherwood, The Properties of Gases and Liquids, 2nd ed. New York: McGraw-Hill, 1966.

12. "Engine Oil Viscosity Classification-SAE Standard J300 Jun86," SAE Handbook,

1987 ed. Warrendal, PA: Society of Automatic Engineers, 1987.

13. "Axle and Manual Transmission Lubricant Visocsity Clssification-SAE Standard J1306 Mar85," SAE Handbook, 1987 ed. Warrendale, PA: Society of Automatic Engineers, 1987.

14. "Fulid for Passenger Car Type Automatic Trasmission-SAE Information Report J311 Apr86," SAE Handbook, 1987 ed. Warrendale, PA: Society of Automatic Engineers, 1987.

15. ASTM Standard D 341-77, "Viscosity-Temperature Charts for Liquid Petroleum Products," American Society for Testing and Materials, 1916 Race Street, Philadelphia, PA 19103.

16. NASA, Compressed Gas Handbook (Revised). Washington, D.C.: National Aeronautics and Space Administration, SP-3045, 1970

17. ASME, Thermodynamic and Transport Properties of Steam. New York: American Society of Mechanical Engineers, 1967.